中等职业教育“十三五”规划教材

计算机应用基础 Office 2010
实践指导

蔡 媛 主编

電子工業出版社
Publishing House of Electronics Industry
北京·BEIJING

内 容 简 介

本书是与《计算机应用基础（Windows 7+Office 2010）》配套的实验指导教材，内容主要包括文字处理软件 Word 2010、电子表格处理软件 Excel 2010，以及演示文稿 PowerPoint 2010 的应用，共 3 个模块。

本书有两种性质的实践：一种是示范性质，边做边解释，旨在指导学生；一种是布置给学生做的实践题目。本书还配有教学资料包，学生可根据实验内容直接从教学资料包中调取相应素材，方便自己的实验。教学资料包可直接从网上下载。根据国家教育部评估要求，本书设计了规范的实验报告，学生可直接填写，提高实验效果。

本书内容全面且重点突出，行文流畅，着重基础和实际应用相结合，可作为职业院校计算机专业及其他专业的教学用教材，也可以作为计算机爱好者、办公人员及创业者的自学用书。

图书在版编目（CIP）数据

计算机应用基础 Office 2010 实践指导 / 蔡媛主编. —北京：电子工业出版社，2019.3

ISBN 978-7-121-35788-6

Ⅰ. ①计… Ⅱ. ①蔡… Ⅲ. ①办公自动化－应用软件－中等专业学校－教学参考资料 Ⅳ. ①TP317.1

中国版本图书馆 CIP 数据核字（2018）第 279758 号

策划编辑：祁玉芹
责任编辑：祁玉芹
印　　刷：中国电影出版社印刷厂
装　　订：中国电影出版社印刷厂
出版发行：电子工业出版社
　　　　　北京市海淀区万寿路 173 信箱　邮编　100036
开　　本：787×1092　1/16　印张：10.5　字数：256 千字
版　　次：2019 年 3 月第 1 版
印　　次：2022 年 1 月第 5 次印刷
定　　价：25.00 元

凡所购买电子工业出版社图书有缺损问题，请向购买书店调换。若书店售缺，请与本社发行部联系，联系及邮购电话：（010）88254888，88258888。

质量投诉请发邮件至 zlts@phei.com.cn，盗版侵权举报请发邮件至 dbqq@phei.com.cn。

本书咨询联系方式：qiyuqin@phei.com.cn。

编委会名单

主　编：蔡　媛

副主编：黄信斌　蔡　英　邓　晖　劳德兰

杨伟燕　黄　浩　彭　楹

参　编：苏志鹏　罗桂莲　赖　卫　王显燕

赖崇远　刘春霞　覃敏焱　李珊珊

李　欣　庞　帆　梁智康　谭俊玲

吴积鹏　倪　彬

前　言

preface

计算机应用基础是面向普通高校非计算机专业学生的一门重要课程，内容包括计算机与信息技术的基础知识和基本操作。这些内容实践性强，只靠课堂教学是很难掌握的。以往的实践教材偏重于对命令的理解和操作，学生上实践课时目的不明确，盲目性大，效果较差。虽然掌握了一定的理论基础知识，但动手能力差。因此，为了培养新型的应用型人才，加强实践环节，加强对学生进行计算机应用能力的培养和训练，培养学生综合能力，编写一本合适的实践教材显得非常重要。

本教材紧密结合《计算机应用基础（Windows 7+Office 2010）》一书，以 Windows 7、Office 2010 为操作平台，内容主要包括 Word 2010、Excel 2010 和 PowerPoint 2010 共 3 个模块的实践操作，并根据教材精选了选择题、填空题和判断题。

本书面向教学全过程，精选了各种实践习题，内容全面且丰富，涉及课本中的各个知识点，达到一定的深度和广度。本书还配有教学资料包，克服以往学生因每一个实验都反复地录入文字、画表格、找素材而浪费大量时间的缺点，使学生有更多的时间去进行技能培养和训练。配套的教学资料包可直接到华信教育资源网（www.hxedu.com.cn）下载。另外，根据国家教育部的评估要求设计了标准规范的实验报告，学生可以直接填写实验结果，使实验效果更好。

本书由蔡媛主编。由于作者水平有限，本书难免有不足之处，诚请读者批评指正。我们的 E-mail 地址：qiyuqin@phei.com.cn。

编　者

2019 年 2 月

目　录

contents

模块 1

文字处理软件 Word 2010 的应用

实践一　Word 入门

扫一扫微课视频
任务一

扫一扫微课视频
任务二

扫一扫微课视频
任务三

实践目的：

◆ 学习 Word 基础知识，认识字处理软件 Word 界面，掌握新建、保存 Word 文档的操作方法。为学习以后各章节打下基础。
◆ 掌握插入符号的方法，熟记“符号”对话框中“符号”选项卡中的“字体”下拉列表中的“wingdings”“wingdings2”“wingdings3”“webdings”的符号。

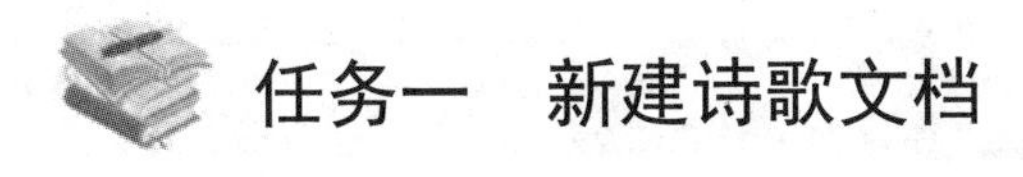

任务一　新建诗歌文档

实践要求：

按图 1-1 所示的样文，在 Word 中录入以下文字和符号：

我爱这土地

艾 青

假如我是一只鸟，

我也应该用嘶哑的喉咙歌唱：

这被暴风雨所打击着的土地，

这永远汹涌着我们的悲愤的河流，

这无止息地吹刮着的激怒的风，

和那来自林间的无比温柔的黎明——然后我死了，

连羽毛也腐烂在土地里面。

为什么我的眼里常含泪水？

因为我对这土地爱得深沉……

图 1-1 诗歌样文

实践步骤：

1. 启动 Word。

双击桌面 Word 图标或单击“开始”菜单，指向“程序”子菜单的“Microsoft Office”命令，再选择子菜单中的“Microsoft Word 2010”命令，如图 1-2 所示。

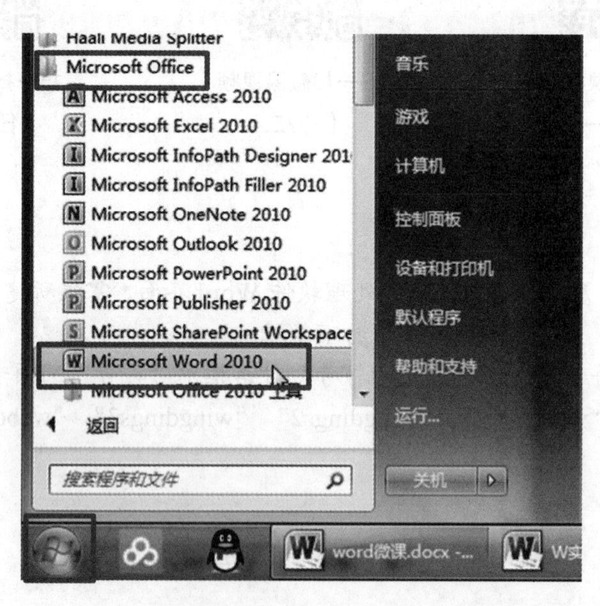

图 1-2 从“开始”菜单启动 Word 2010

2. 输入文章。

启动 Word 后，单击任务栏中的输入法图标选择一种输入法（如拼音或五笔字型等），然后输入样文的文字和符号。

3. 插入符号。

选择“插入”|“符号”|“其他符号”命令，打开“符号”对话框，选择“符号”选项卡中“字体”下拉列表中的“Wingdings”命令，然后在“字符”列表中选择所需符号，单击“插入”按钮插入相应符号，如图 1-3 所示。

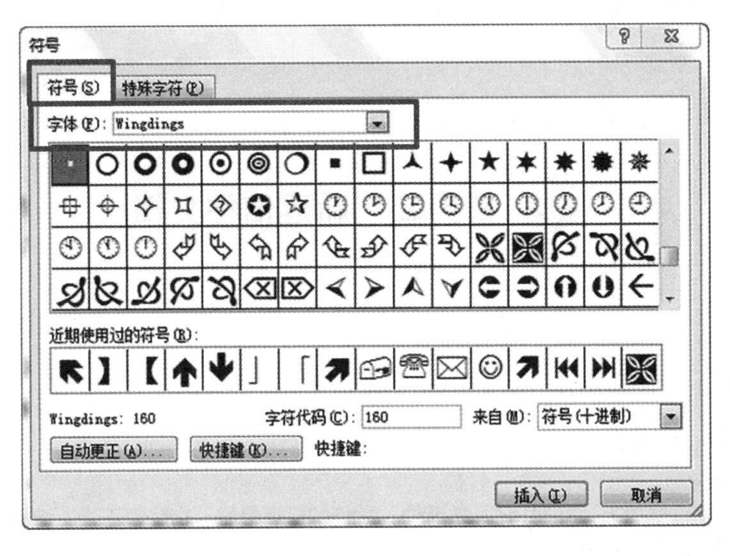

图 1-3　插入符号

4. 保存文档。

选择“文件”|“保存”命令，在打开的“另存为”对话框中选定要保存的位置，在“文件名”列表框中输入“XXX 我爱这土地”，单击“保存”按钮，如图 1-4 所示。（XXX 为学生姓名）

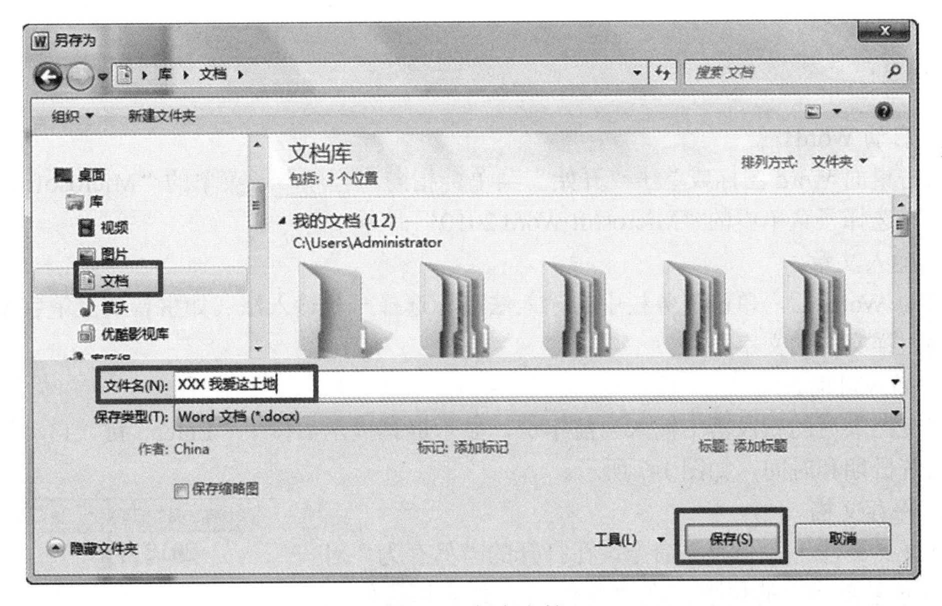

图 1-4　保存文档

5. 退出 Word。

如果要退出 Word，选择“文件”|“退出”命令，或者单击窗口右上角的“×”关闭按钮，如图 1-5 所示。如文件尚未保存，显示询问信息框，单击“是”按钮，会显示“另存为”对话框；单击“否”按钮，文档不保存，关闭 Word。

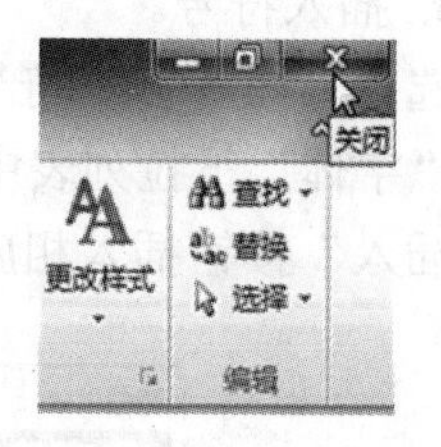

图 1-5　退出 Word

任务二　新建信件文档

实践要求：

按图 1-6 所示的样文，在 Word 中输入以下文字：

亲爱的爸爸、妈妈：
你们好！
我已顺利到达学校，并已办好入学手续，学校的环境很好，宿舍很干净，食堂伙食也不错，爸爸妈妈不用担心。
熄灯时间快到了，不多写了，我不在家的日子里，希望爸爸妈妈保重身体，不要太操劳了，我一定会努力学习，报效祖国，为爸爸妈妈争气。
此致
敬礼
爱你们的女儿：小岚

图 1-6　信件样文

实践步骤：

1. 启动 Word。

双击桌面 Word 图标或单击“开始”菜单，指向“程序”子菜单的“Microsoft Office”命令，再选择子菜单中的“Microsoft Word 2010”命令。

2. 输入文章。

启动 Word 后，单击任务栏中的输入法图标选择一种输入法（如拼音或五笔字型等），然后输入样文中的文字。

3. 插入日期。

在文档最后的新段落中输入当前年份，显示屏幕提示后按下“Enter”键，自动插入当前的系统日期和时间，如图 1-7 所示。

4. 保存文档。

选择“文件”|“保存”命令，在打开的“另存为”对话框中选定要保存的位置，在“文件名”列表框中输入“XXX 书信”，单击“保存”按钮。（XXX 为学生姓名）

2018年10月27日星期六 (按 Enter 插入)
2018 年

图 1-7　自动插入日期和时间

5. 退出 Word。

如果要退出 Word，选择“文件”菜单中的“退出”命令（或单击窗口右上角的“×”关闭按钮）。如文件尚未保存，显示询问信息框，单击“是”按钮，会显示“另存为”对话框；单击“否”按钮，文档不保存，关闭 Word。

任务三　文档编辑操作

实践要求：

1. 新建文件：在 Word 2010 中新建一个文档，文件名为 A2.doc，保存至教师指定的文件夹。

2. 录入文本与符号：按照图 1-8 所示的【样文 2-5A】录入文字、字母、标点符号、特殊符号等。

3. 复制粘贴：将教师指定文件夹中的 2-5B.doc 文件中的全部文字复制到录入文档 2-5A 之前。

4. 查找替换：将文档中所有“合成”替换为“复合”，结果如图 1-8 中【样文 2-5B】所示。

【样文 2-5A】

➚【合成材料】一词正式使用，是在第二次世界大战后开始的，当时在『比铝轻、比钢强』这一宣传口号下，「玻璃纤维增强塑料」被美国空军用于制造飞机的构件，并在 1950－1951 年传入日本，随后便开始了【合成材料】在民用领域的开发和利用。⬇

⬆【合成材料】产生单一材料不具备的新功能。如在一些塑料中加入短玻璃纤维及无机填料提高强度、刚性、耐热性，同时又发挥塑料的轻质、易成型等特性。再如，添加碳黑使塑料具有导电性，添加铁氧体粉末使塑料具有磁性等等。⬉

【样文 2-5B】

复合材料，是指把两种以上不同的材料，合理地进行复合而制得的一种材料，目的是通过复合来提高单一材料所不能发挥的各种特性。复合材料由基体材料和增强材料两部分组成，如钢筋水泥和玻璃钢便是当前用量最多的两种。

最常见最典型的复合材料是纤维增强复合材料。作为强度材料，最实用的是以热固性树脂为基体的纤维增强塑料（FRP）。作为功能材料而使用热塑性树脂时，称为纤维增强塑性塑料即（FRTP）。以金属为基体的纤维增强金属（FRM），可获得耐高温特性。为补偿水泥的脆性、拉伸强度低等缺点而与短切纤维复合的纤维增强水泥（FRC），正在作为建筑材料使用。纤维增强橡胶（FRR）则主要是大量用于轮胎上。

➚【复合材料】一词正式使用，是在第二次世界大战后开始的，当时在『比铝轻、比钢强』这一宣传口号下，「玻璃纤维增强塑料」被美国空军用于制造飞机的构件，并在 1950－1951 年传入日本，随后便开始了【复合材料】在民用领域的开发和利用。⬇

⬆【复合材料】产生单一材料不具备的新功能。如在一些塑料中加入短玻璃纤维及无机填料提高强度、刚性、耐热性，同时又发挥塑料的轻质、易成型等特性。再如，添加碳黑使塑料具有导电性，添加铁氧体粉末使塑料具有磁性等等。⬉

图 1-8　样文 2-5A 和样文 2-5B

实践步骤：

1. 新建文件。

打开 Word 程序，单击工具栏中的“新建”按钮新建一个文件，单击“保存”按钮，将文件保存到指定文件夹，并命名为“A2.docx”。

2. 录入文本与符号。

按照【样文 2-5A】中的文本打字，输入文字、字母、标点符号、特殊符号等（特殊符号在“符号”对话框中查找，在“字体”下拉列表中选择“普通文本”/ Webdings / Wingdings / Wingdings 2 / Wingdings 3，找到相应的特殊符号）。

3. 复制粘贴。

打开 TF2-5B.doc 文件，按下“Ctrl+A”组合键选定全部文本，单击工具栏中的“开始”选项卡的“剪贴板”组中的“复制”按钮，然后切换到 2-5B.doc 文件，单击【文档 2-5A】之前，再单击“开始”选项卡的“剪贴板”组中的“粘贴”按钮，将复制的文本内容粘贴到相应位置，如图 1-9 所示。

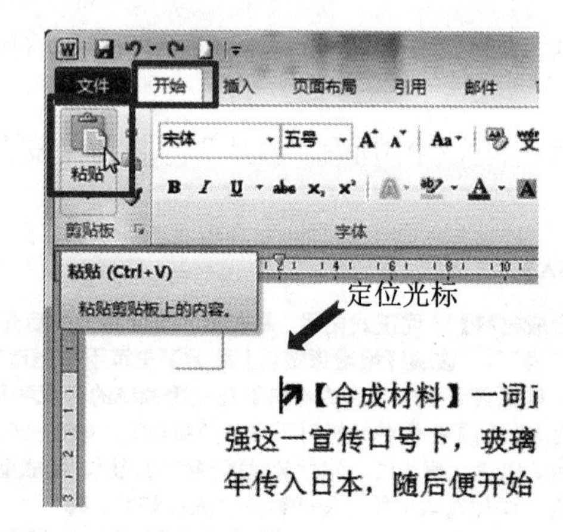

图 1-9　复制选定文本

4. 查找替换。

单击“开始”选项卡的“替换”按钮，打开“查找和替换”对话框，如图 1-10 所示。在“查找内容”列表框中输入替换前的文本“合成”，在“替换为”列表框中输入替换后的文本“复合”，单击“全部替换”按钮。完成后单击“关闭”按钮关闭对话框。

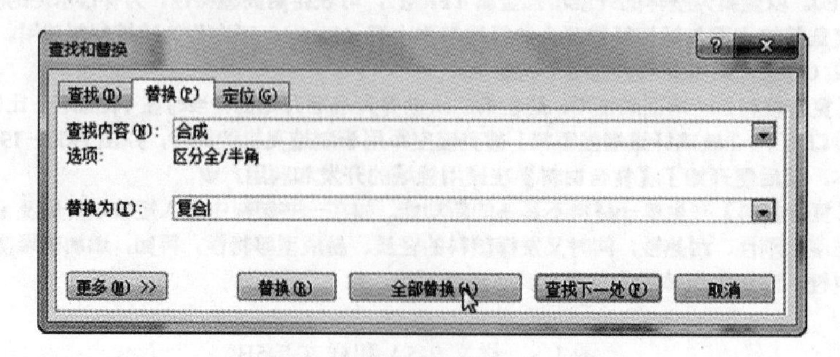

图 1-10　“查找和替换”对话框

实验效果评价：

实验内容	完成情况	掌握程度	是否掌握如下操作
1. Word 的启动和退出 2. 新建一个 Word 文档 3. 保存文档	□ 独立完成 □ 他人帮助完成 □ 未完成	你认为本次实验： □ 很难 □ 有点难 □ 较容易	□ 启动 Word □ 创建 Word 文档 □ 保存 Word 文档

本次上机成绩______________

附：（快速查找符号）

特殊符号表（“插入”选项卡——“符号”按钮）

常用符号选项有：Webdings、Wingdings、Wingdings2、Wingdings3

〖〗【】「」『』▩■◣◢◥▲▼：（普通文本/ 象形文字、其他符号、几何图形符、方块元素）

⏭⏩⏮：Webdings 第 2 行

🏭：Webdings 第 3 行

▦：Webdings 第 7 行

✈🌏：Webdings 倒数第 1 行

✉：Wingdings 第 1 行

🗀🗁：Wingdings 第 2 行

⚐：Wingdings 第 3 行

♦：Wingdings 第 6 行

⌘⌧：Wingdings 倒数第 4 行

✧⌑：Wingdings 倒数第 5 行

✹：Wingdings 倒数第 6 行

❐☎✂：Wingdings 2 第 1 行

🖰：Wingdings 2 第 2 行

✋✍✕：Wingdings 2 第 3 行

☾☽✝：Wingdings 2 第 7 行

⌘⊙：Wingdings 2 第 8 行

▯：Wingdings 2 倒数第 1 行

✸✺：Wingdings 2 倒数第 2 行

※：普通文本/ 广义标点

☙ ❧：**Wingdings 第 9 行**

❮❯：Webdings 3 第 7 行

∶：普通文本/ 数学运算符或半角及全角字符或小写变体

☯☸♦♈：**Wingdings 第 4 行**

◎●：普通文本/几何图形符或方块元素）

≥：普通文本/ 数学运算符

25℃：普通文本/ 广义标点

🕒：**Wingdings 第 11 行**

❦⛫：Webdings 第 1 行

🔓：Webdings 倒数第 3 行

🕮：Wingdings 第 1 行

⊛❖⌘：Wingdings 第 6 行

⮜⮞：Wingdings 倒数第 3 行

¶：普通文本/ 拉丁语-1 增补

☆：普通文本/ 象形文字

✗✓▦：Wingdings 倒数第 1 行

实践二　格式化文档

扫一扫微课视频
任务一

扫一扫微课视频
任务二

扫一扫微课视频
任务三

实践目的：

◆ 掌握 Word 文档移动、复制等编辑的操作。
◆ 掌握 Word 文档字体、段落等格式化的操作。

任务一　设置诗歌文档格式

实践要求：

（一）文档的编辑

1. 打开“我爱这土地.docx”文档。

2. 移动文本，将“🕮艾青（1910—1996）现、当代诗人……情调忧郁而感伤。☺”这段文字移到诗歌后面。

3. 复制文本，将“为什么我的眼里常含泪水？因为我对这土地爱得深沉……⏮”复制到诗结尾处。

（二）格式化文档

打开“我爱这土地.docx”文档，按下面要求格式化文挡。完成后保存文档。

1. 设置字体：第一行标题为华文新魏，正文为华文楷体，最后一段为黑体。
2. 设置字号：第一行标题为一号，正文为四号。
3. 设置字形：第一行标题加粗，第二行作者姓名加粗。
4. 设置对齐方式：第一行标题居中，第二行作者姓名居中。
5. 设置段落缩进：正文左缩进 10 个字符，最后一段首行缩进 2 个字符。

6. 设置行（段落）间距：第一行标题为段前、段后各 1 行，第二行作者为段后 0.5 行，正文行距为固定值 20 磅，最后一段为段前 1 行。

样文如图 1-11 所示。

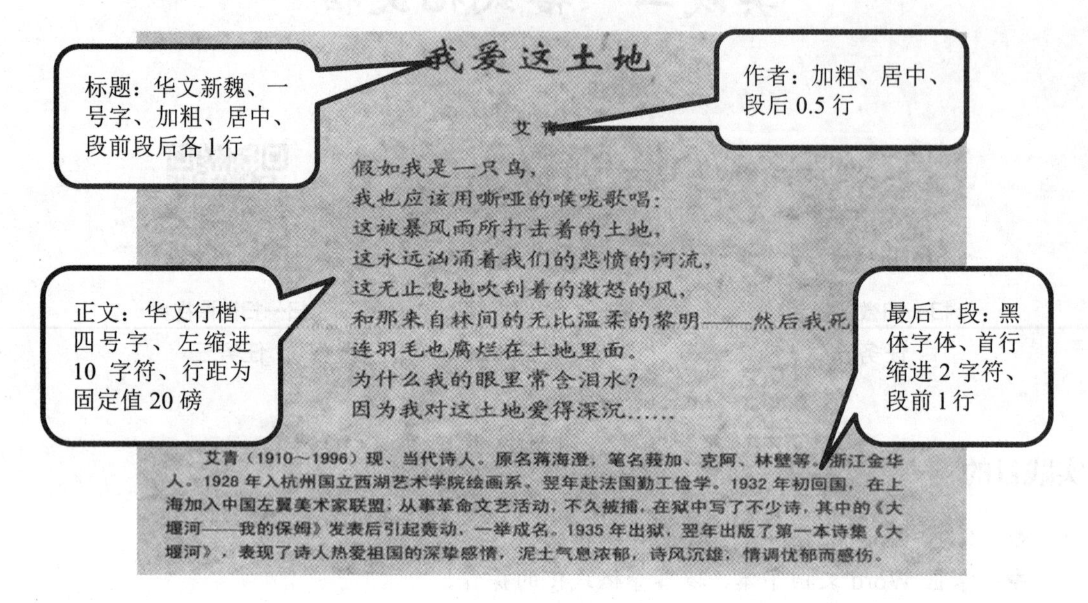

图 1-11　诗歌格式样文

实践步骤：

（一）文档的编辑

1. 打开“我爱这土地.docx”文档。

选择“文件”|“打开”命令，在打开的“打开”对话框中选择“我爱这土地.docx”文档，单击“打开”按钮，如图 1-12 所示。

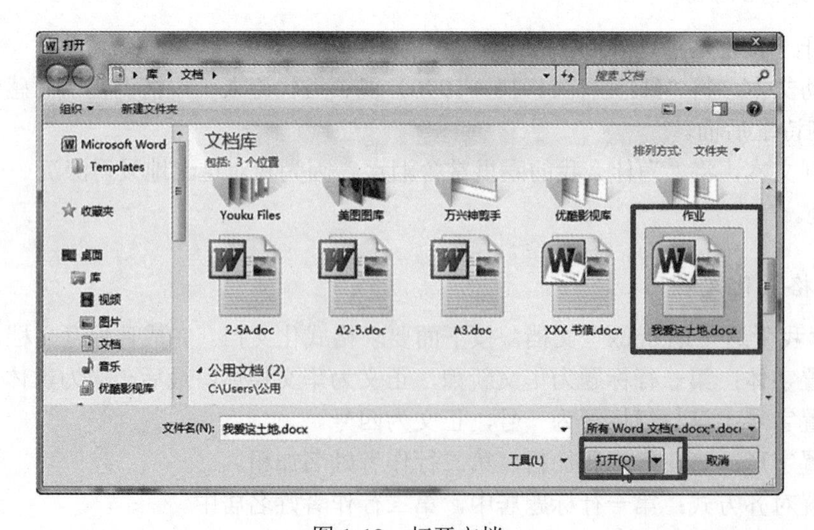

图 1-12　打开文档

2. 移动文本。

（1） 选中“🕮艾青（1910—1996）现、当代诗人……情调忧郁而感伤。☺”这段文字。

（2） 选择“开始”|“剪切”命令，将光标移动到文章的“因为我对这土地爱得深沉……⏮”行尾，按下“Enter”键换行。

（3） 选择“开始”|“粘贴”命令。

3. 复制文本。

（1） 选择要复制的文本“为什么我的眼里常含泪水？因为我对这土地爱得深沉……⏮”。

（2） 按住“Ctrl”键不放同时拖动要复制的文本到文档的结尾，然后松开“Ctrl”键和鼠标。

（二）格式化文档

1. 打开“我爱这土地.doc”文档。

选择“文件”|“打开”命令，在打开的“打开”对话框中选择“我爱这土地.doc”文档，单击“打开”按钮。

2. 打开“字体”对话框，按要求设置文字格式，如图 1-13 所示。

图 1-13　设置文本字体

（1） 选择第一行标题文字，单击“开始”选项卡的“字体”工具组右下角的控件，打开“字体”对话框，在“字体”选项卡的“中文字体”下拉列表框中选择“华文新魏”命令，在“字形”列表框中选择“加粗”命令，在“字号”列表框中选择“一号”命令。

（2） 选择作者姓名，打开“字体”对话框，在“字形”列表框中选择“加粗”命令。

（3） 选择正文，打开“字体”对话框，在“字体”选项卡的“中文字体”下拉列表框中选择“华文楷体”命令，在“字号”列表框中选择“四号”命令。

（4） 选择最后一段，打开“字体”对话框，在“字体”选项卡的“中文字体”下拉列表框中选择“黑体”命令。

3. 使用“段落”对话框设置段落格式，如图 1-14 所示。

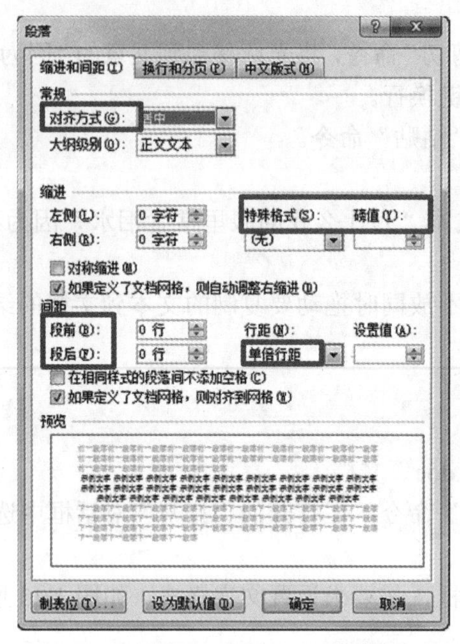

图 1-14　“段落”对话框

（1） 选择第一行标题，单击“开始”选项卡的“段落”工具组右下角的控件，打开“段落”对话框，在“缩进和间距”选项卡中的“对齐方式”下拉列表框中选择“居中”命令。

（2） 选择第二行作者姓名，打开“段落”对话框中的“缩进和间距”选项卡，在“对齐方式”下拉列表框中选择“居中”命令。

（3） 选择正文，打开“段落”对话框中的“缩进和间距”选项卡，在“缩进”组的“左侧”微调框中输入“10 字符”。

（4） 选择最后一段，打开“段落”对话框中的“缩进和间距”选项卡，在“缩进”组的“特殊格式”下拉列表框中选择“首行缩进”命令，然后在“磅值”框中输入“2 字符”。

（5） 选择第一行标题，打开“段落”对话框的“缩进和间距”选项卡，在“间距”组的“段前”和“段后”微调框中均输入“1 行”。

（6） 选择第二行作者姓名，打开“段落”对话框中的“缩进和间距”选项卡，在“间距”组的“段后”微调框中输入“0.5 行”。

（7） 选择正文，打开“段落”对话框中的“缩进和间距”选项卡，在“间距”组的“行距”下拉列表框中选择“固定值”命令，并在“设置值”微调框中输入“20 磅”。

（8） 选择最后一段，打开“段落”对话框中的“缩进和间距”选项卡，在“间距”组的“段前”微调框中输入“1 行”。

4. 保存文档。

选择“文件”|“另存为”命令，在打开的“另存为”对话框中选定文件保存在桌面，输入文件名“XXX 我爱这土地”，单击“保存”按钮。

任务二　设置信件文档格式

实践要求：

1. 打开“书信.docx”文档，使用“开始”选项卡中的格式设置工具将字符格式设置为四号字、楷体、深蓝色。

2. 按照书信格式设置文档的段落格式：

称呼行顶格靠左对齐，正文首行缩进 2 字符，按样文插入当前系统日期，署名与日期右对齐。

3. 保存文档。

样文如图 1-15 所示。

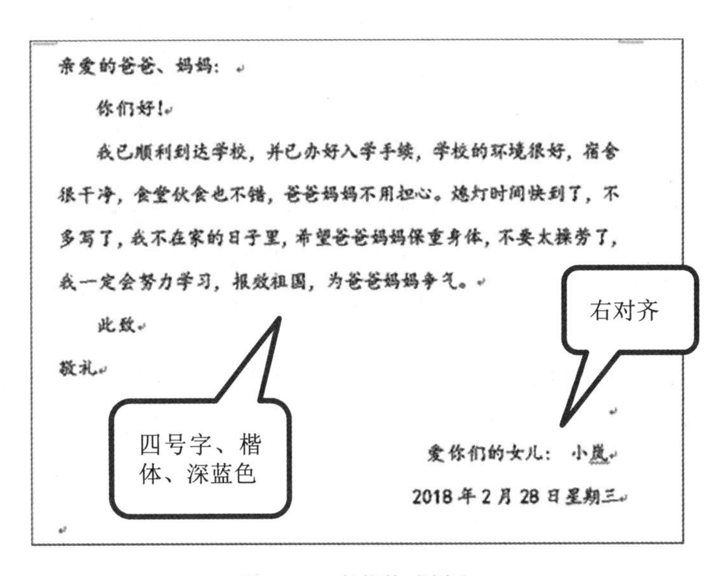

亲爱的爸爸、妈妈：

你们好！

我已顺利到达学校，并已办好入学手续，学校的环境很好，宿舍很干净，食堂伙食也不错，爸爸妈妈不用担心。熄灯时间快到了，不多写了，我不在家的日子里，希望爸爸妈妈保重身体，不要太操劳了，我一定会努力学习，报效祖国，为爸爸妈妈争气。

此致

敬礼

爱你们的女儿：小嵐

2018 年 2 月 28 日星期三

图 1-15　书信格式样文

实践步骤：

1. 打开“书信.docx”文档，使用“开始”选项卡中的格式设置工具设置字符格式，如图 1-16 所示。

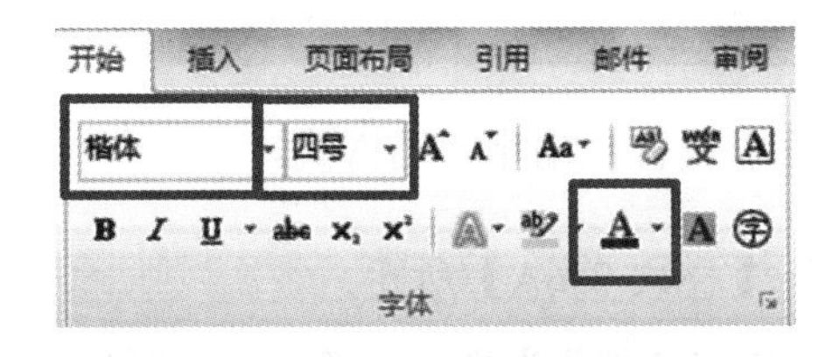

图 1-16　用“开始”选项卡中的格式工具设置字符格式

（1） 选择“文件”|“打开”命令，在“打开”对话框中选择 Word.doc 文档，单击“打开”按钮。

（2） 按下“Ctrl+A”组合键选择全部文本，在“开始”|“字体”组中的“字体”下拉列表框中选择“楷体”命令。

（3） 在“开始”|“字体”组中的“字号”下拉列表框中选择“四号”命令。

（4） 单击“开始”|“字体”组中的“字体颜色”按钮旁边的下拉按钮，从弹出的面板中选择“深蓝”。

2. 使用“开始”选项卡中的段落工具，按照书信格式设置文档的段落格式，如图 1-17 所示。

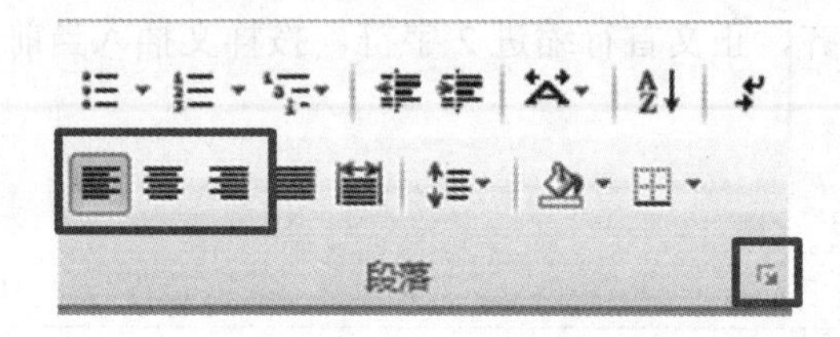

图 1-17　用“开始”选项卡中的段落工具设置段落格式

（1） 称呼行顶格靠左对齐：在称呼行中单击鼠标右键，然后单击“开始”选项卡的“段落”组中的“左对齐”按钮。

（2） 正文缩进 2 字符：选择正文段落，打开“段落”对话框，在“特殊格式”下拉列表框中选择“首行缩进”命令，并设置磅值为“2 字符”。

（3） 落款行右对齐：在落款行中单击鼠标右键，然后单击“开始”|“段落”组中的“右对齐”按钮。

（4） 插入当前日期：将插入光标放在落款行结尾，按下“Enter”键新建一个段落，输入 2018 年，按下“Enter”键插入当前系统日期，该段落自动继承上一段落的右对齐格式。

3. 保存文档。

选择“文件”|“另存为”命令，弹出“另存为”对话框，选择文件保存位置在桌面，在“文件名”列表框中输入“XXX 书信”。

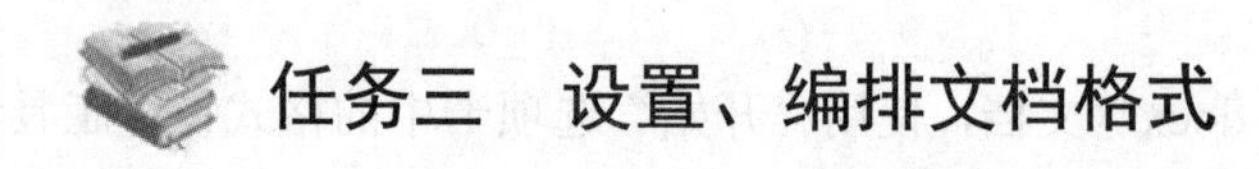

任务三　设置、编排文档格式

实践要求：

打开文档 A3.doc，按要求设置、编排文档格式。

（一）设置【3-6A】如【样文 3-6A】所示。

1. 设置字体：第一行“诗坛花絮”为黑体，第二行标题为隶书，“——佚名搜集整理”

一行为华文新魏，最后一段“郑板桥（1693—1765）名燮……”为楷体。

2. 设置字号：第一行为小四，第二行为小一，“——佚名搜集整理”一行为小四。

3. 设置字形：“——佚名搜集整理”一行倾斜。

4. 设置对齐方式：第一行左对齐，第二行标题居中，正文最后一行“佚名搜集整理”右对齐。

5. 设置段落缩进：正文首行缩进 2 字符，最后一段左、右各缩进 1 字符，首行缩进 2 字符。

6. 设置行（段落）间距：第二行标题段前、段后各 0.5 行，“——佚名搜集整理”一行段前、段后各 0.5 行，正文固定行距 18 磅。

（二）设置【3-6B】如【样文 3-6B】所示

1. 拼写检查：改正【3-6B】中的单词拼写错误。

2. 项目符号或编号：按照【样文 3-6B】设置项目符号或编号。

样文如图 1-18 所示。

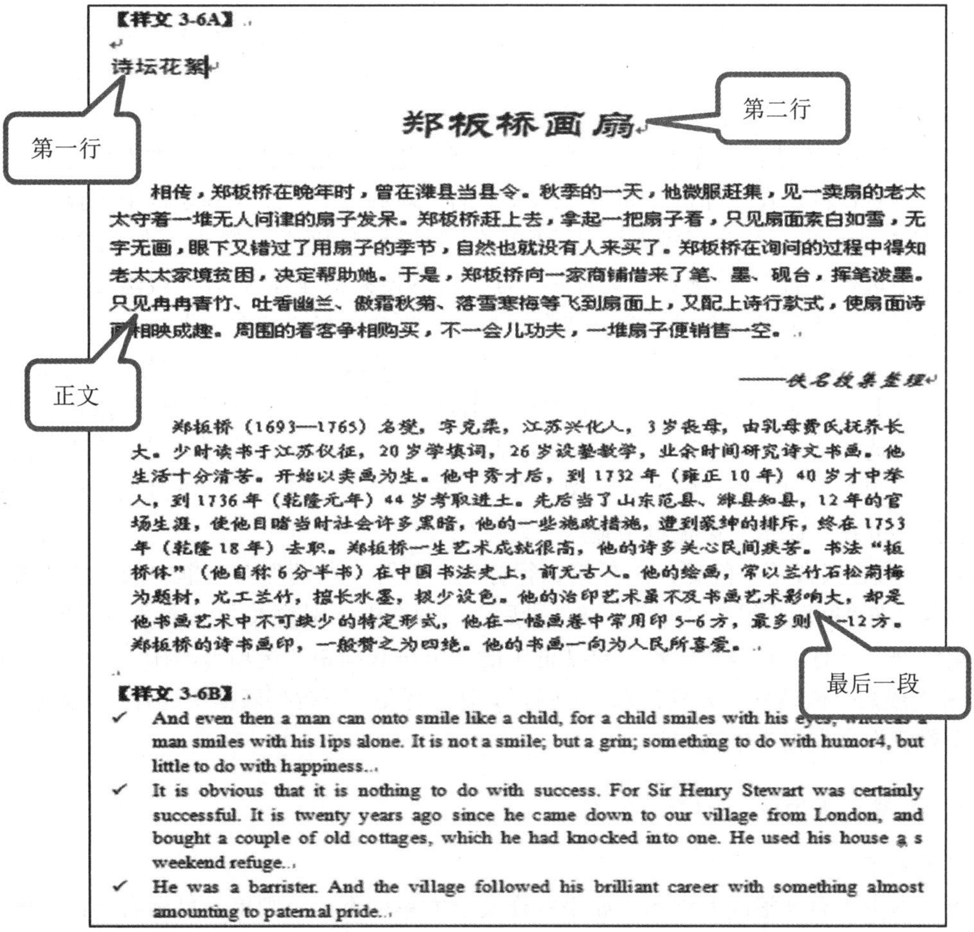

【样文 3-6A】

诗坛花絮

郑板桥画扇

相传，郑板桥在晚年时，曾在潍县当县令。秋季的一天，他微服赶集，见一卖扇的老太太守着一堆无人问津的扇子发呆。郑板桥赶上去，拿起一把扇子看，只见扇面素白如雪，无字无画，眼下又错过了用扇子的季节，自然也就没有人来买了。郑板桥在询问的过程中得知老太太家境贫困，决定帮助她。于是，郑板桥向一家商铺借来了笔、墨、砚台，挥笔泼墨。只见冉冉青竹、吐香幽兰、傲霜秋菊、落雪寒梅等飞到扇面上，又配上诗行款式，使扇面诗画相映成趣。周围的看客争相购买，不一会儿功夫，一堆扇子便销售一空。

——佚名搜集整理

郑板桥（1693—1765）名燮，字克柔，江苏兴化人，3 岁丧母，由乳母费氏抚养长大。少时读书于江苏仪征，20 岁学填词，26 岁设塾教学，业余时间研究诗文书画。他生活十分清苦。开始以卖画为生。他中秀才后，到 1732 年（雍正 10 年）40 岁才中举人，到 1736 年（乾隆元年）44 岁考取进士。先后当了山东范县、潍县知县，12 年的官场生涯，使他目睹当时社会许多黑暗，他的一些施政措施，遭到豪绅的排斥，终在 1753 年（乾隆 18 年）去职。郑板桥一生艺术成就很高，他的诗多关心民间疾苦。书法“板桥体”（他自称 6 分半书）在中国书法史上，前无古人。他的绘画，常以兰竹石松菊梅为题材，尤工兰竹，擅长水墨，极少设色。他的治印艺术虽不及书画艺术影响大，却是他书画艺术中不可缺少的特定形式，他在一幅画卷中常用印 5-6 方，最多则[illegible]-12 方。郑板桥的诗书画印，一般赞之为四绝。他的书画一向为人民所喜爱。

【样文 3-6B】

- ✓ And even then a man can onto smile like a child, for a child smiles with his ey[illegible] man smiles with his lips alone. It is not a smile; but a grin; something to do with humor4, but little to do with happiness.
- ✓ It is obvious that it is nothing to do with success. For Sir Henry Stewart was certainly successful. It is twenty years ago since he came down to our village from London, and bought a couple of old cottages, which he had knocked into one. He used his house a s weekend refuge.
- ✓ He was a barrister. And the village followed his brilliant career with something almost amounting to paternal pride.

第一行

第二行

正文

最后一段

图 1-18　样文

实践步骤：

先按要求打开文档。

（一）设置 3-6A 如【样文 3-6A】所示

1. 设置字体、字号、字形。

（1） 设置字体：选择第一行“诗坛花絮”，在“开始”选项卡的“字体”组中的“字体”下拉列表框中选择“黑体”；选择第二行标题，在“开始”选项卡的“字体”组中的“字体”下拉列表框中选择“隶书”；选择“——佚名搜集整理”一行，在“开始”选项卡的“字体”组中的“字体”下拉列表框中选择“华文新魏”；选择最后一段“郑板桥（1693—1765）名燮……”，在“开始”选项卡的“字体”组中的“字体”下拉列表框中选择“楷体”。

（2） 设置字号：选择第一行，在“开始”选项卡的“字体”组中的“字号”下拉列表框中选择“小四”；选择第二行，在“开始”选项卡的“字体”组中的“字号”下拉列表框中选择“小一”；选择“——佚名搜集整理”一行，在“开始”选项卡的“字体”组中的“字号”下拉列表框中选择“小四”。

（3） 设置字形：选择“——佚名搜集整理”一行，单击“开始”选项卡的“字体”组中的“倾斜”按钮。

2. 设置对齐方式、段落缩进、行（段落）间距。

（1） 设置对齐方式：选择第一行，单击“开始”选项卡的“段落”组右下角的控件，打开“段落”对话框，在“缩进和间距”选项卡的“对齐方式”下拉列表框中选择“左对齐”；选择第二行标题，打开“段落”对话框中的“缩进和间距”选项卡，在“对齐方式”下拉列表框中选择“居中”；选择正文最后一行“佚名搜集整理”，打开“段落”对话框中的“缩进和间距”选项卡，在“对齐方式”下拉列表框中选择“右对齐”。

（2） 设置段落缩进：选择正文，打开“段落”对话框中的“缩进和间距”选项卡，在“缩进”组中的“特殊格式”下拉列表框中选择“首行缩进”，再在“磅值”微调框中输入“2 字符”；选择最后一段，打开“段落”对话框中的“缩进和间距”选项卡，在“缩进”组的“左侧”和“右侧”微调框中分别输入“1 字符”，在“特殊格式”下拉列表框中选择“首行缩进”，并在“磅值”微调框中输入“2 字符”。

（3） 设置行（段落）间距：选择第二行标题，打开“段落”对话框中的“缩进和间距”选项卡，在“间距”组的“段前”和“段后”微调框中分别输入“0.5 行”；选择“——佚名搜集整理”一行，打开“段落”对话框中的“缩进和间距”选项卡，在“间距”组的“段前”和“段后”微调框中分别输入“0.5 行”，在“行距”下拉列表框中选择“固定值”，并在“设置值”微调框中输入“18 磅”。

（二）设置文本 B 如“样张 B”所示

1. 拼写检查。

检查文本中带有波浪线的词句，如果跟样文里的单词不同，则单击鼠标右键，从弹出的快捷菜单中选择正确的单词，如图 1-19 所示。

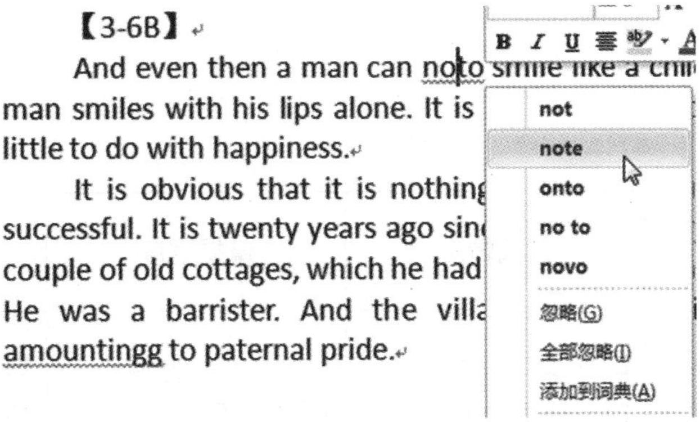

【3-6B】

And even then a man can noto smile like a chi

man smiles with his lips alone. It is

little to do with happiness.

It is obvious that it is nothing

successful. It is twenty years ago sin

couple of old cottages, which he had

He was a barrister. And the vill

amountingg to paternal pride.

not
note
onto
no to
novo
忽略(G)
全部忽略(I)
添加到词典(A)

图 1-19　拼写检查

2. 使用项目符号和编号。

选定【样文 3-6B】文本，单击“开始”选项卡的“段落”组中的“项目符号”下拉按钮，如果列表中有所需的项目符号，直接单击该符号图标即可；如果列表中没有所需的项目符号，则从下拉列表中选择“定义新项目符号”命令，打开“定义项目符号”对话框，单击“符号”按钮，打开“符号”对话框，选择 Windings 字体中的√符号（在该字体组的最后一行），如图 1-20 所示。

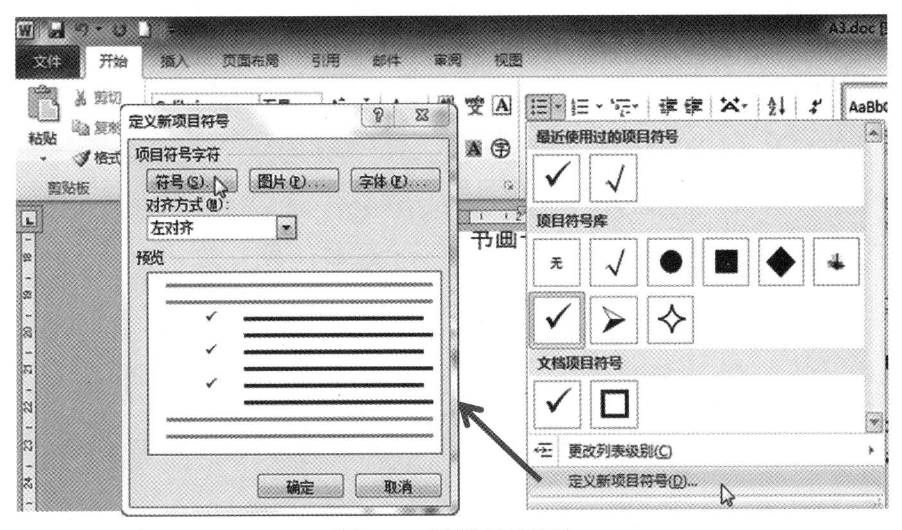

图 1-20　设置项目符号

实验效果评价：

实验内容	完成情况	掌握程度	是否掌握如下操作
1. 移动、复制文本 2. 格式化文本	□ 独立完成 □ 他人帮助完成 □ 未完成	你认为本次实验 □ 很难 □ 有点难 □ 较容易	□ 移动、复制文本 □ 格式化文本

本次上机成绩________________

实践三　设置页面和输出打印

扫一扫微课视频
任务一

实践目的：

- ◆ 掌握页面格式的设置方法。
- ◆ 掌握分栏排版的设置方法。
- ◆ 学习在页面中添加页眉和页脚。
- ◆ 学习文档的打印输出。

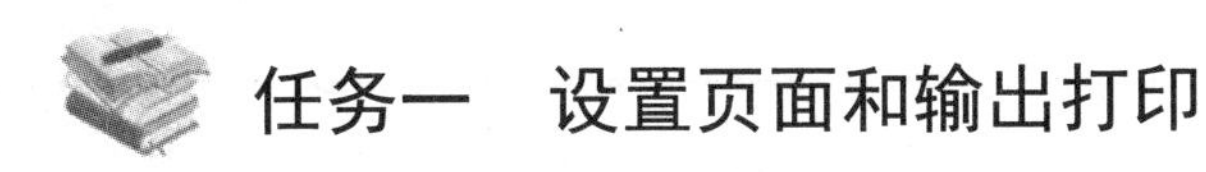

任务一　设置页面和输出打印

实践要求：

打开“实践三素材”，按下面要求设置页面、分栏、页眉、页脚。

1. 页面设置：设置纸张大小为 A5，设置左、右、上、下页边距分别为 2 厘米。
2. 按样文将第 2 段分栏，添加分隔线。
3. 按样文插入页眉和页脚，页眉顶端、页脚底端距离分别为 1 厘米。
4. 打印预览和打印（观察打印前效果）。

样文如图 1-21 所示。

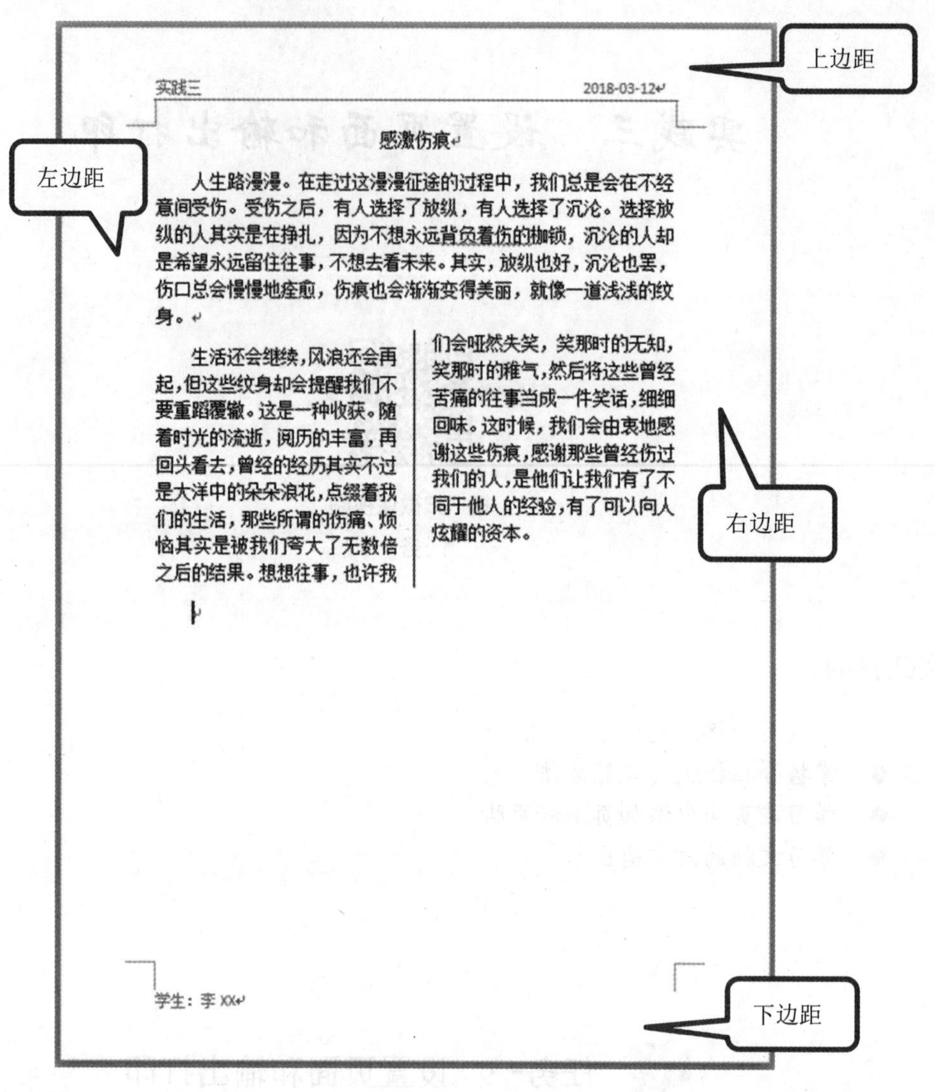
实践三 2018-03-12

感激伤痕

人生路漫漫。在走过这漫漫征途的过程中，我们总是会在不经意间受伤。受伤之后，有人选择了放纵，有人选择了沉沦。选择放纵的人其实是在挣扎，因为不想永远背负着伤的枷锁，沉沦的人却是希望永远留住往事，不想去看未来。其实，放纵也好，沉沦也罢，伤口总会慢慢地痊愈，伤痕也会渐渐变得美丽，就像一道浅浅的纹身。

生活还会继续，风浪还会再起，但这些纹身却会提醒我们不要重蹈覆辙。这是一种收获。随着时光的流逝，阅历的丰富，再回头看去，曾经的经历其实不过是大洋中的朵朵浪花，点缀着我们的生活，那些所谓的伤痛、烦恼其实是被我们夸大了无数倍之后的结果。想想往事，也许我们会哑然失笑，笑那时的无知，笑那时的稚气，然后将这些曾经苦痛的往事当成一件笑话，细细回味。这时候，我们会由衷地感谢这些伤痕，感谢那些曾经伤过我们的人，是他们让我们有了不同于他人的经验，有了可以向人炫耀的资本。

学生：李 XX

图 1-21　样文

实践步骤：

1. 页面设置。使用“页面布局”选项卡的“页边距”或“纸张大小”工具，如图 1-22 所示。

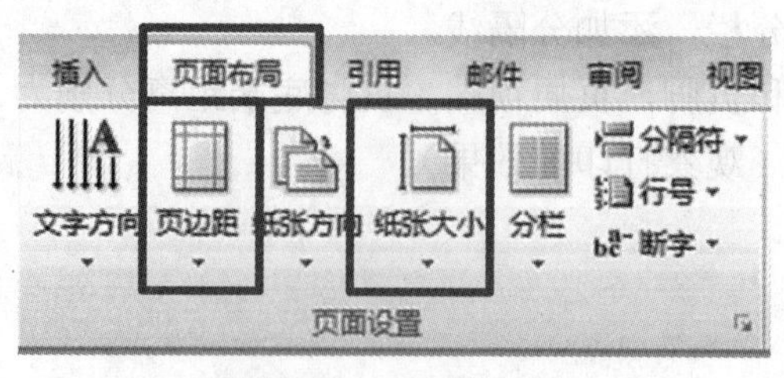

图 1-22　页面设置

（1）　单击“页面布局”|“纸张大小”按钮，从弹出的菜单中选择“A5”。

（2）　单击“页面布局”选项卡的“页边距”按钮，从弹出的菜单中选择“自定义边距”命令，打开“页面设置”对话框，在“页边距”选项卡的“页边距”组中的上、下、左、右微调框中分别输入“2 厘米”，如图 1-23 所示。

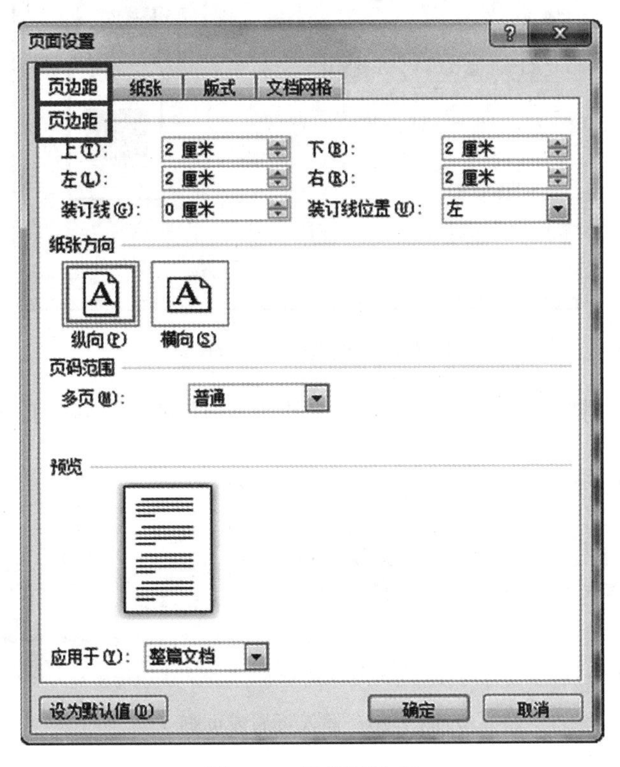

图 1-23　设置页边距

2. 分栏设置。使用“页面布局”选项卡的“分栏”工具，如图 1-24 所示。

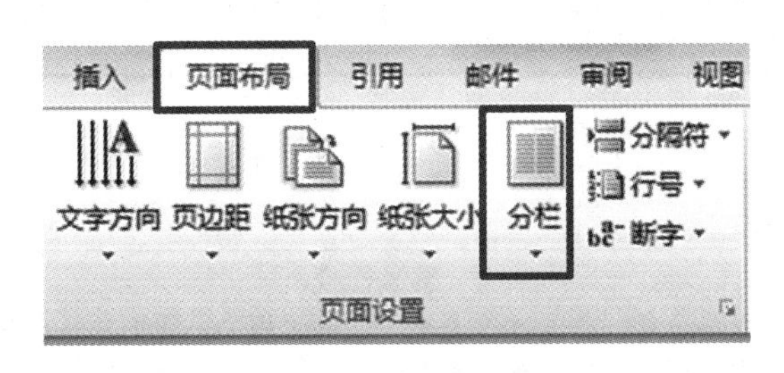

图 1-24　“分栏”工具

（1）　单击“页面布局”|“分栏”按钮，从弹出的菜单中选择“更多分栏”命令，打开“分栏”对话框。

（2）　单击“两栏”图标，选中“分隔线”复选框，单击“确定”按钮，如图 1-25 所示。

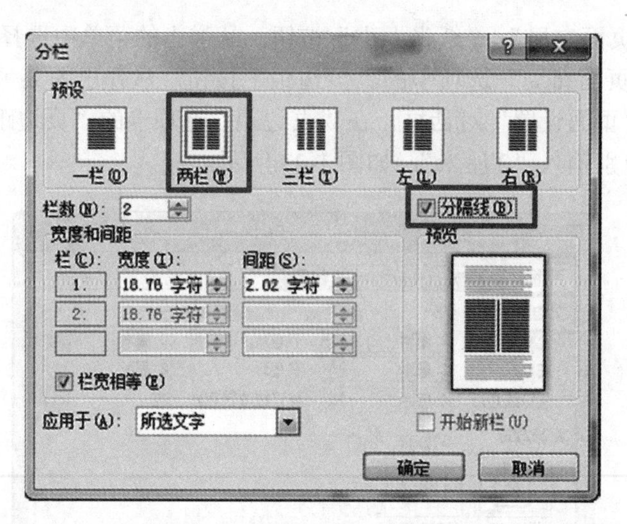

图 1-25　设置分栏和分隔线

3. 插入页眉和页脚。使用“插入”选项卡的“页眉”或“页脚”工具，如图 1-26 所示。

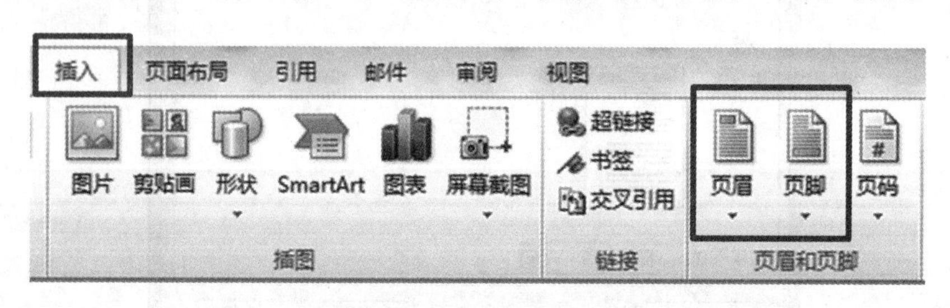

图 1-26　插入页眉或页脚

（1） 单击“插入”选项卡的“页眉和页脚”组中的“页眉”按钮，从弹出的菜单中选择“空白（三栏）”，然后在页眉区域左端的提示文字处输入“实践三”，在右端的提示文字处输入日期，格式为 XX-XX-XX，并删除中间的提示文字，如图 1-27 所示。

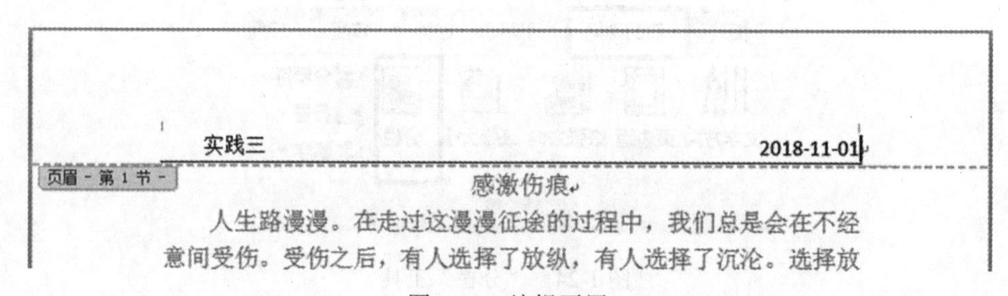

图 1-27　编辑页眉

（2） 单击“插入”选项卡的“页眉和页脚”组中的“页脚”按钮，从弹出的菜单中选择“空白”，然后在页脚区域左端的提示文字处输入“学生：XXX”（XXX 为学生姓名）。

（3） 在页眉和页脚的编辑状态下切换到“设计”选项卡，在“页眉顶端距离”和“页脚底端距离”微调框中各输入“1 厘米”，如图 1-28 所示。（提示：页眉和页脚工具只在页眉和页脚的编辑状态下出现）

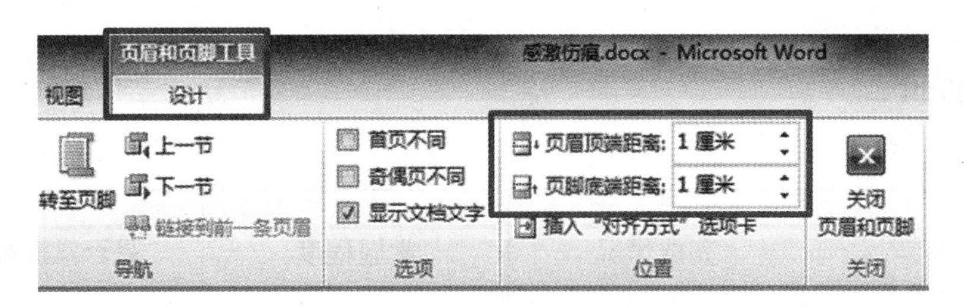

图 1-28　设置页眉和页脚格式

（4） 设置完成后单击“设计”选项卡的“关闭”组中的“关闭页眉和页脚”按钮，或者双击页面中正文区域，退出页眉和页脚的编辑状态。

4. 打印预览和打印。

（1） 选择“文件”|“打印”命令，切换到打印设置选项页，在右侧的预览窗格中查看文档的打印效果。

（2） 在“打印机”下拉列表框中选择已连接的打印机，并设置打印份数、打印范围和打印方式等选项。

（3） 启动已连接的打印机，在 Word 中单击“打印”按钮，即可打印当前文档，如图 1-29 所示。

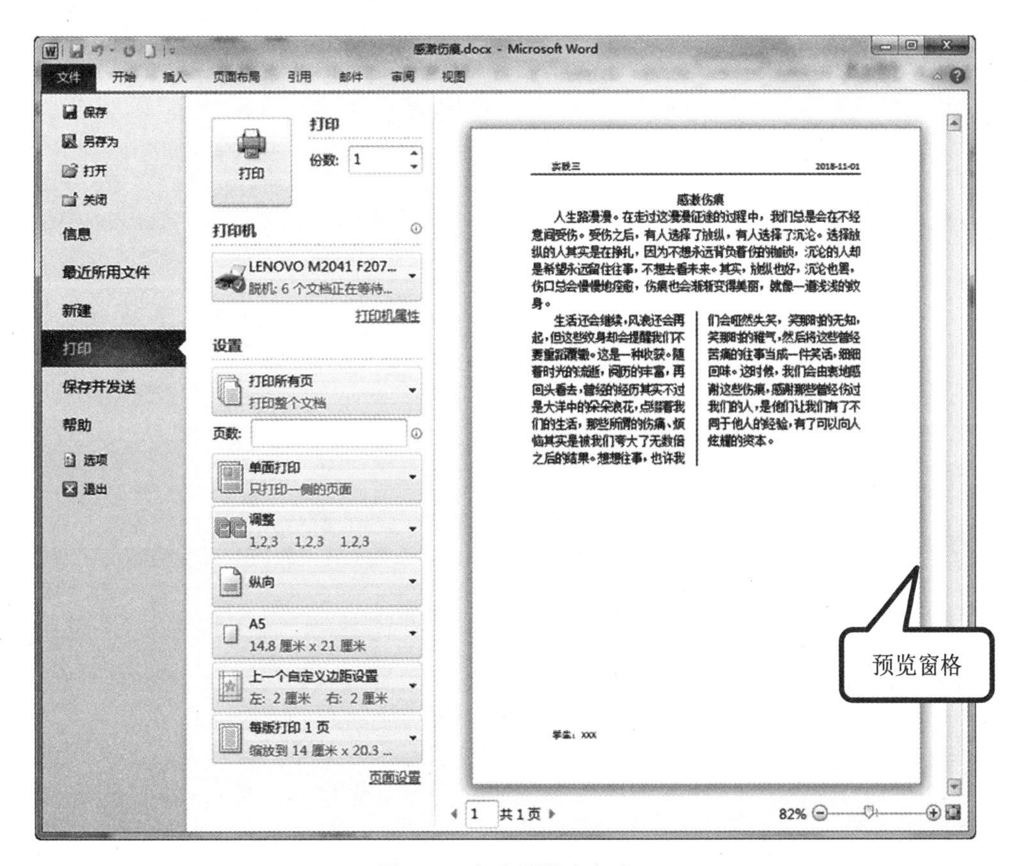

图 1-29　打印预览和打印

实验效果评价：

实验内容	完成情况	掌握程度	是否掌握如下操作
1. 设置页面格式 2. 分栏排版 3. 添加页眉和页脚 4. 打印预览和打印	□ 独立完成 □ 他人帮助完成 □ 未完成	你认为本次实验 □ 很难 □ 有点难 □ 较容易	□ 设置页面格式 □ 设置分栏和分隔线 □ 添加页眉和页脚 □ 打印预览 □ 打印文档

本次上机成绩______________

实践四　制作 Word 表格

扫一扫微课视频
任务一

扫一扫微课视频
任务二

扫一扫微课视频
任务三

实践目的：

- ◆ 学习 Word 表格的创建、修改与编辑。
- ◆ 了解不规则表格的制作方法。
- ◆ 掌握调整表格的行高、列宽的方法。
- ◆ 掌握表格内容的编辑方法。
- ◆ 学会在 Word 表格中进行简单计算的方法。

任务一　创建一个“经销合作申请表”

实践要求：

通过创建一个如图 1-30 所示的“经销合作申请表”，熟悉一下表格的创建、修改和编辑方法。

设置要求如下：

1. 创建 4 列 10 行的表格。
2. 合并第 1、2、5、9、10 行的单元格。
3. 将第 1、2、5、9 行的行高设置为 0.8 厘米。
4. 适当更改最后一行的行高。
5. 输入样表中的数据内容。
6. 适当更改第 1、3 列的列宽。

经销合作申请表			
申请人信息：			
申请人姓名		性别	
联系电话		电子邮箱	
申请单位信息：			
公司名称		联系电话	
营业地址		邮政编码	
成立时间		员工人数	
申请方行业背景及主营业务：			

图 1-30　经销合作申请表

实践步骤：

1. 创建表格。

单击“插入”选项卡的“表格”按钮，从弹出的面板中选择“插入表格”命令，打开“插入表格”对话框，设置列数为“4”，行数为“10”，单击“确定”按钮，如图 1-31 所示。

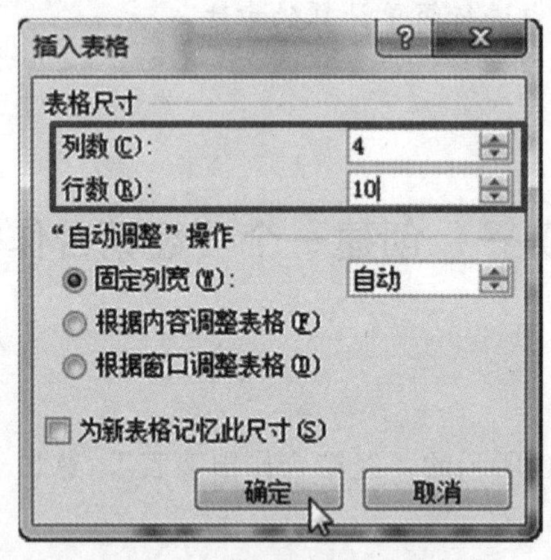

图 1-31　“插入表格”对话框

2. 合并单元格。

（1） 选择第 1 行，单击“布局”选项卡的“合并”组中的“合并单元格”按钮，合并第 1 行单元格。

（2） 参照上一步合并第 2、5、9、10 行的单元格，完成后效果如图 1-32 所示。

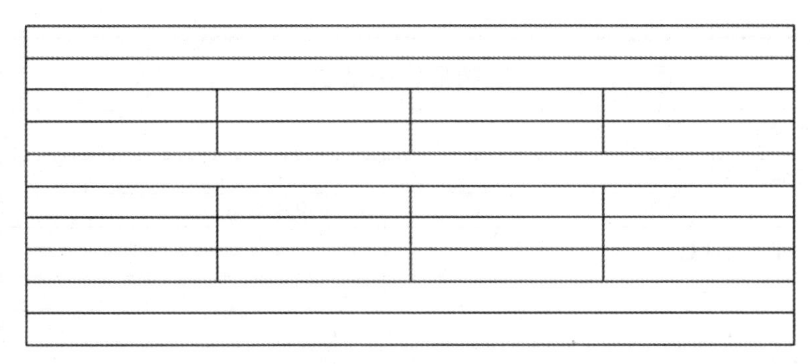

图 1-32　合并单元格

3. 精确设置行高。

（1） 选择第 1、2 两行，在“布局”选项卡的“单元格大小”组中的“高度”微调框中输入“0.8 厘米”，按下“Enter”键应用该值，如图 1-33 所示。

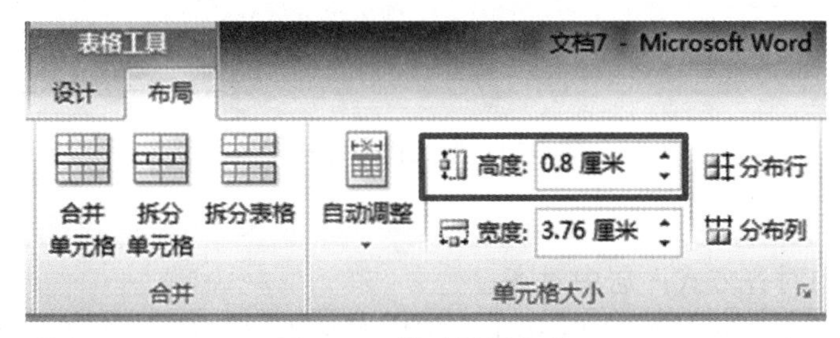

图 1-33　精确设置行高

（2） 参照上一步将第 5 行和第 9 行的行高也设置为 0.8 厘米。

4. 用鼠标拖动设置行高。

将鼠标放在最后一行的行边框上，向下拖动鼠标，更改行高到合适高度。

5. 输入表格内容。

定位插入点，输入表格内容。

6. 更改列宽。

分别将鼠标指针放在第 1 列和第 3 列的列边框上，拖动鼠标调整列宽。

 任务二　格式化“经销合作申请表”

将做好的文件保存到“组名姓名”文件夹中，压缩文件夹后再提交作业给教师。

实践要求：

通过对“经销合作申请表”进行格式设置，熟悉一下设置表格内容的对齐方式、设置表格边框与底纹的操作，样表如图 1-34 所示。

经销合作申请表			
申请人信息：			
申请人姓名		性别	
联系电话		电子邮箱	
申请单位信息：			
公司名称		联系电话	
营业地址		邮政编码	
成立时间		员工人数	
申请方行业背景及主营业务：			

图 1-34　格式化表格样表

设置要求如下：

1. 设置表格的对齐方式：居中对齐。
2. 设置表格中内容的对齐方式：第 1 行中内容水平居中对齐，其他内容中部两端对齐。
3. 设置字符格式：标题文本为小二号、黑体字、加粗，其他文本为四号、黑体字。
4. 设置表格边框和底纹：外部边框为深蓝色斑纹线，底纹为“橙色，强调文字颜色 6，淡色 80%”。

实践步骤：

1. 使用段落工具设置表格的对齐方式。

选择整个表格，单击“开始”选项卡的“段落”组中的“居中”按钮。

2. 使用表格工具布局表格中内容的对齐方式，如图 1-35 所示。

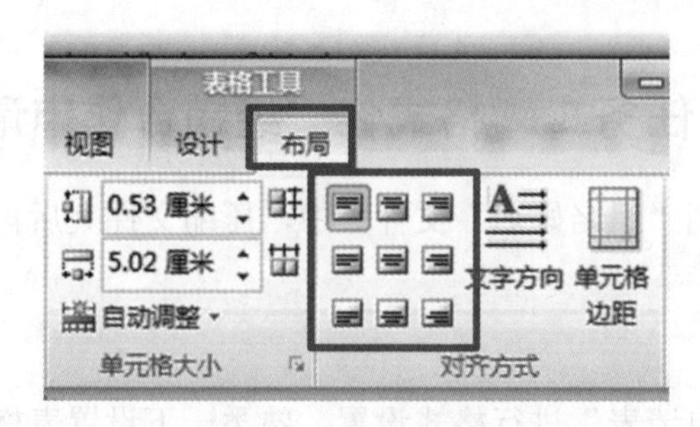

图 1-35　使用表格工具布局表格中内容的对齐方式

（1）　选择整个表格，单击“布局”选项卡的“对齐方式”组中的“中部两端对齐”按钮。

（2）　选定第1行，单击“布局”选项卡的“对齐方式”组中的“水平居中”按钮。

3. 使用字体工具设置字符格式。

（1）　选择整个表格，在“开始”选项卡的“字体”组中的“字体”下拉列表框中选择“黑体”，在“字号”下拉列表框中选择“四号”。

（2）　选择标题文字，在“开始”选项卡的“字体”组中的“字号”下拉列表框中选择“小二”。

4. 使用表格工具设置表格边框和底纹，如图1-36所示。

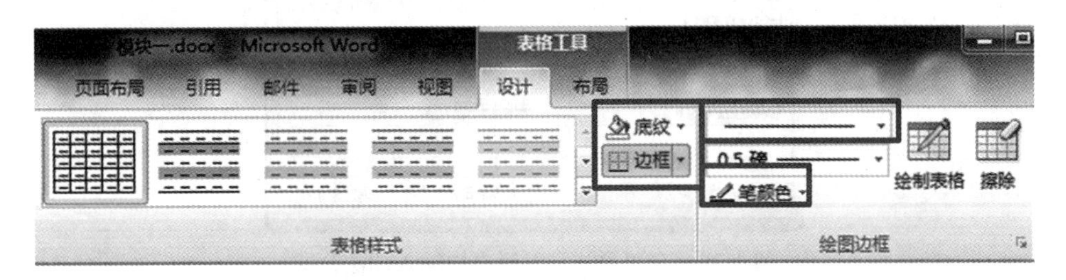

图1-36　使用表格工具设置表格边框和底纹

（1）　选定表格，在“设计”选项卡的“绘图边框”组中的“笔样式”下拉列表框中选择斑纹线。

（2）　单击“设计”选项卡的“绘图边框”组中的“笔颜色”按钮，从弹出的面板中选择深蓝色。

（3）　单击“设计”选项卡的“表格样式”组中的“边框”按钮，从弹出的面板中选择“外侧框线”。

（4）　单击“设计”选项卡的“表格样式”组中的“底纹”按钮，从弹出的面板中选择“橙色，强调文字颜色6，淡色80%”。

 任务三　在表格中进行简单计算

实践要求：

◆　计算实领工资额

通过计算图1-37所示的“工资表”中的实领工资，熟悉一下在Word表格中进行简单计算的方法。

姓名	基本工资	月奖金	全勤奖	加班费	实领工资
郝卫东	4600	800	100	150	
刘立本	4300	500	100	300	
原月红	2800	500	0	150	
林中风	2500	-100	100	450	

图1-37　工资表

实践步骤：

（1） 将插入点定位到 F2 单元格中，单击“布局”选项卡的“数据”组中的“公式”按钮，弹出“公式”对话框，在“公式”文本框中输入加法公式“=SUM(LEFT)”，如图 1-38 所示。

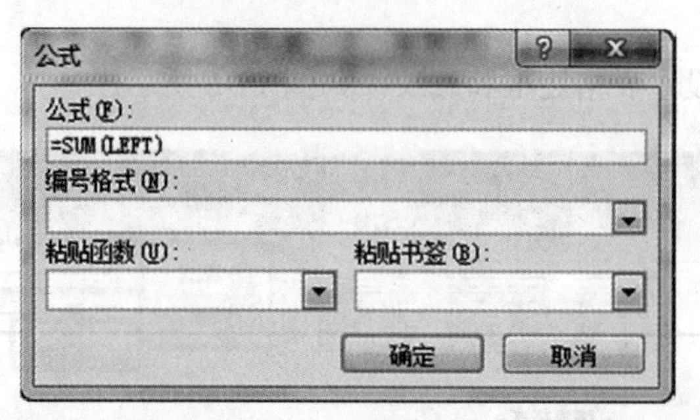

图 1-38　在“公式”对话框中输入加法公式

（2） 单击“确定”按钮得出结果。

（3） 将插入点定位在 F3、F4、F5 单元格中，在“公式”对话框中的“公式”文本框中输入公式“=SUM(LEFT)”得出结果。

实验效果评价：

实验内容	完成情况	掌握程度	是否掌握如下操作
创建和编辑表格	□　独立完成 □　他人帮助完成 □　未完成	你认为本次实验： □　很难 □　有点难 □　较容易	□　创建新表格 □　编辑表格 □　简单计算表格

本次上机成绩______________

实践五　图文混合排版

扫一扫微课视频
任务一

扫一扫微课视频
任务二

实践目的：

- ◆ 学习在 Word 文档中插入剪贴画和外部图片的方法。
- ◆ 学习将正常的文字变成艺术字的方法。

任务一　插入图片和艺术字

将做好的文件保存到“组名姓名”文件夹中，压缩文件夹后再提交作业给教师。

实践要求：

打开“素材\Word 素材\蚂蚁和大象.docx”文档，执行以下操作：

1. 插入并编辑剪贴画。
2. 插入并编辑图片。
3. 将标题文字设置为艺术字。

结果如图 1-39 所示。

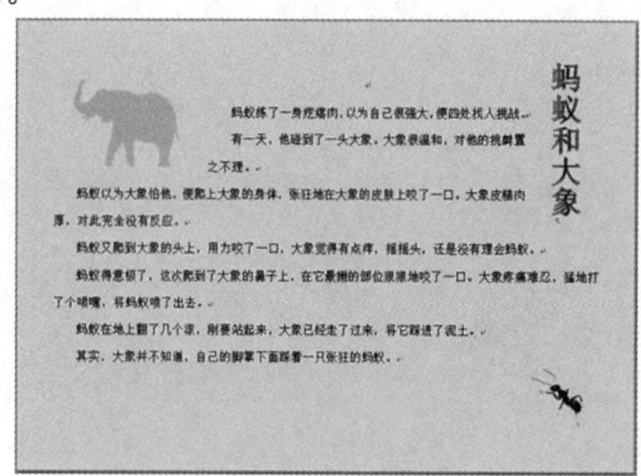

蚂蚁和大象

蚂蚁练了一身疙瘩肉，以为自己很强大，便四处找人挑战。

有一天，他碰到了一头大象。大象很温和，对他的挑衅置之不理。

蚂蚁以为大象怕他，便爬上大象的身体，张狂地在大象的皮肤上咬了一口。大象皮糙肉厚，对此完全没有反应。

蚂蚁又爬到大象的头上，用力咬了一口，大象觉得有点痒，摇摇头，还是没有理会蚂蚁。

蚂蚁得意极了，这次爬到了大象的鼻子上，在它最嫩的部位狠狠地咬了一口。大象疼痛难忍，猛地打了个喷嚏，将蚂蚁喷了出去。

蚂蚁在地上翻了几个滚，刚要站起来，大象已经走了过来，将它踩进了泥土。

其实，大象并不知道，自己的脚掌下面踩着一只张狂的蚂蚁。

图 1-39　样文

实践步骤：

1. 插入和编辑剪贴画。

（1） 插入剪贴画：将插入点定位在文档开头，单击“插入”选项卡的“插图”组中的“剪贴画”按钮，显示剪辑管理器，在“搜索文字”文本框中输入关键词“大象”，找一幅合适的大象图片，单击该图片缩略图将其插入到文档中。

（2） 更改剪贴画大小：将光标放在文档中插入的剪贴画选择框上的控点上，拖动鼠标更改对象大小。

（3） 更改剪贴画位置：选择剪贴画，单击“格式”选项卡的“排列”组中的“位置”按钮，从弹出的面板中选择“顶端居左，四周型文字环绕”，如图 1-41 所示。

图 1-40　插入剪贴画

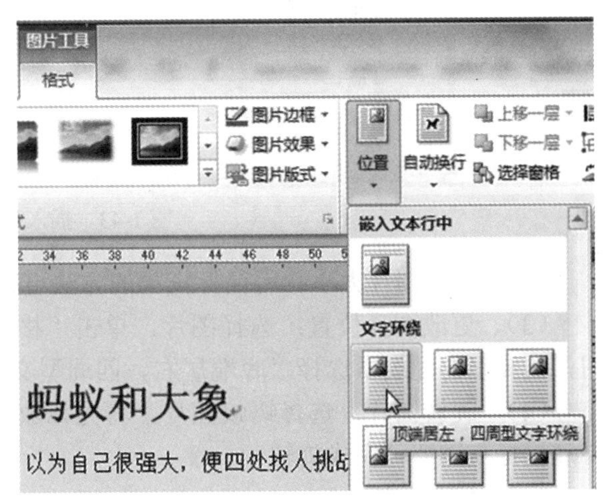

图 1-41　设置图片位置

（4） 清除剪贴画背景：选择剪贴画，单击“格式”选项卡的“调整”组中的“删除背景”按钮，切换到“背景消除”选项卡，单击“关闭”组中的“保留更改”按钮，如图 1-42 所示。

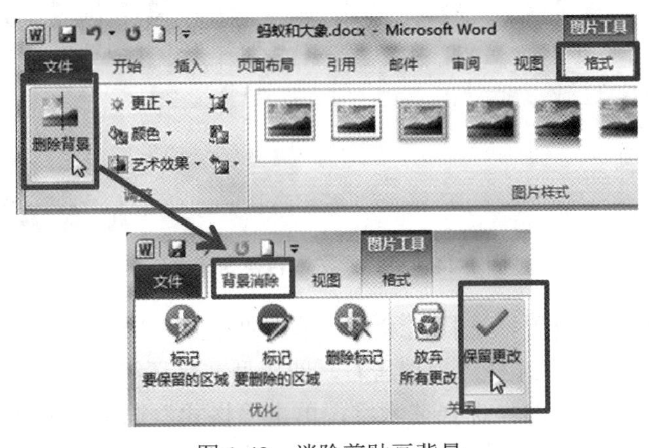

图 1-42　消除剪贴画背景

2. 插入和编辑外部图片。

（1） 插入图片：将插入点定位到文档结尾，单击“插入”选项卡的“插入”组中的“图片”按钮，弹出“插入图片”对话框，选择一幅蚂蚁图片，单击“插入”按钮，如图1-43所示。

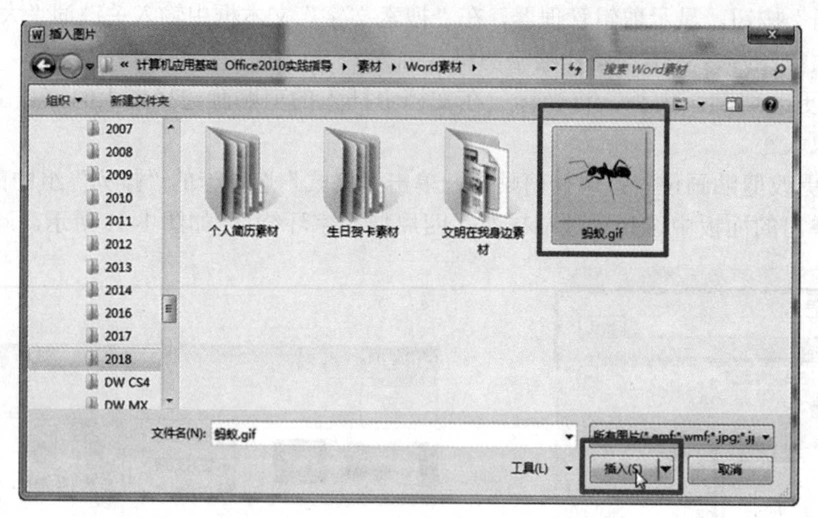

图1-43　插入外部图片

（2） 更改图片大小：用鼠标拖动的方法更改剪贴画的大小。

（3） 更改图片位置：选择图片，单击“格式”选项卡的“排列”组中的“位置”按钮，从弹出的面板中选择“底端居右，四周型文字环绕”。

（4） 旋转图片：选择蚂蚁图片，将光标放在绿色旋转控点上，按下鼠标左键拖动，释放鼠标左键即可完成旋转。

3. 设置艺术字。

（1） 将文本转换为艺术字：选择标题文本，单击“插入”选项卡的“文本”组中的“艺术字”按钮，从弹出的面板中选择要用的艺术字效果，如图1-44所示。

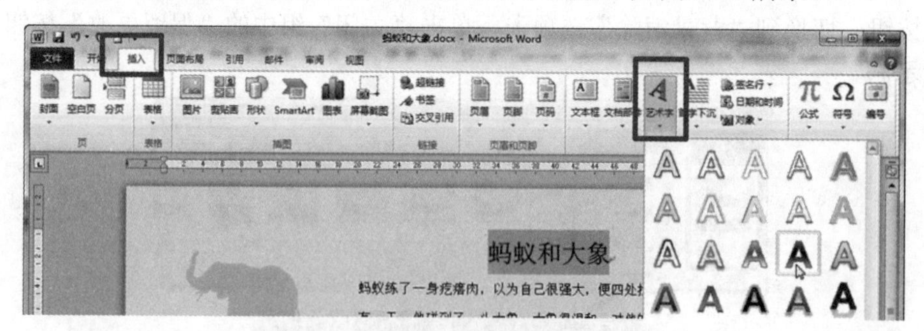

图1-44　将普通文本转换为艺术字

（2） 更改艺术字的位置：选择艺术字，单击“格式”选项卡的“排列”组中的“位置”按钮，从弹出的面板中选择“顶端居右，四周型文字环绕”。

（3） 更改艺术字的方向：选择艺术字，单击“格式”选项卡的“文字方向”按钮，从弹出的面板中选择“垂直”，如图1-45所示，完成图文混排。

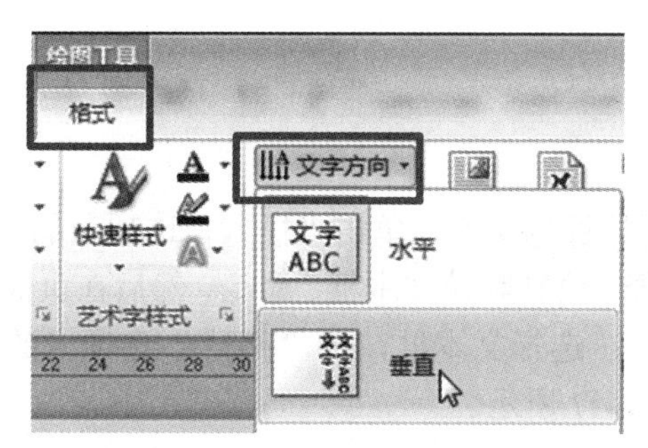

图 1-45　设置艺术字的排列方向

任务二　插入文本框和形状

实践要求：

打开“素材\Word 素材\地球之初.docx”文档，执行以下设置：

1. 将标题文本放在文本框中。
2. 将粗体文本放在“横卷形”图形中。

结果如图 1-46 所示。

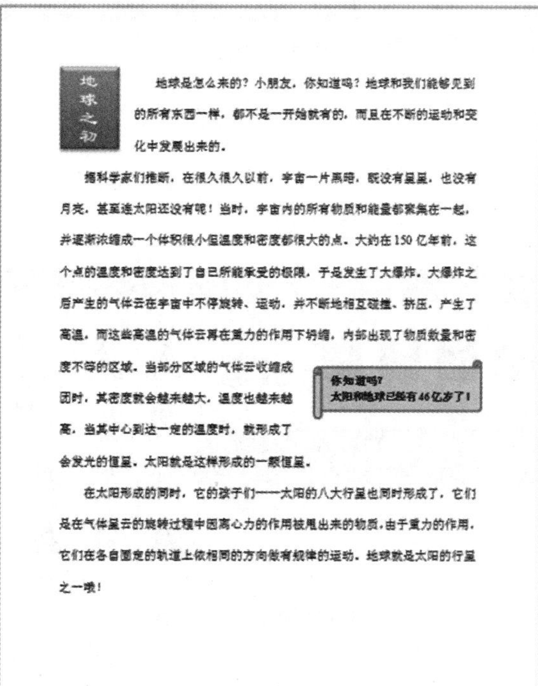

地球之初

地球是怎么来的？小朋友，你知道吗？地球和我们能够见到的所有东西一样，都不是一开始就有的，而且在不断的运动和变化中发展出来的。

据科学家们推断，在很久很久以前，宇宙一片黑暗，既没有星星，也没有月亮，甚至连太阳还没有呢！当时，宇宙内的所有物质和能量都聚集在一起，并逐渐浓缩成一个体积很小但温度和密度都很大的点。大约在 150 亿年前，这个点的温度和密度达到了自己所能承受的极限，于是发生了大爆炸。大爆炸之后产生的气体云在宇宙中不停旋转、运动，并不断地相互碰撞、挤压，产生了高温，而这些高温的气体云再在重力的作用下坍缩，内部出现了物质数量和密度不等的区域。当部分区域的气体云收缩成团时，其密度就会越来越大，温度也越来越高，当其中心到达一定的温度时，就形成了会发光的恒星。太阳就是这样形成的一颗恒星。

你知道吗?
太阳和地球已经有 46 亿岁了！

在太阳形成的同时，它的孩子们——太阳的八大行星也同时形成了，它们是在气体星云的旋转过程中因离心力的作用被甩出来的物质，由于重力的作用，它们在各自固定的轨道上依相同的方向做有规律的运动。地球就是太阳的行星之一哦！

图 1-46　样文

实践步骤：

1. 使用文本框。

（1） 插入文本框：选择标题文本，单击“插入”选项卡的“文本”组中的“文本框”按钮，从弹出的面板中选择“绘制竖排文本框”命令，然后在页面中拖动鼠标绘出文本框。

（2 ）应用文本框样式：选择文本框，在“格式”选项卡的“形状样式”列表中选择要使用的形状样式，如图 1-47 所示。

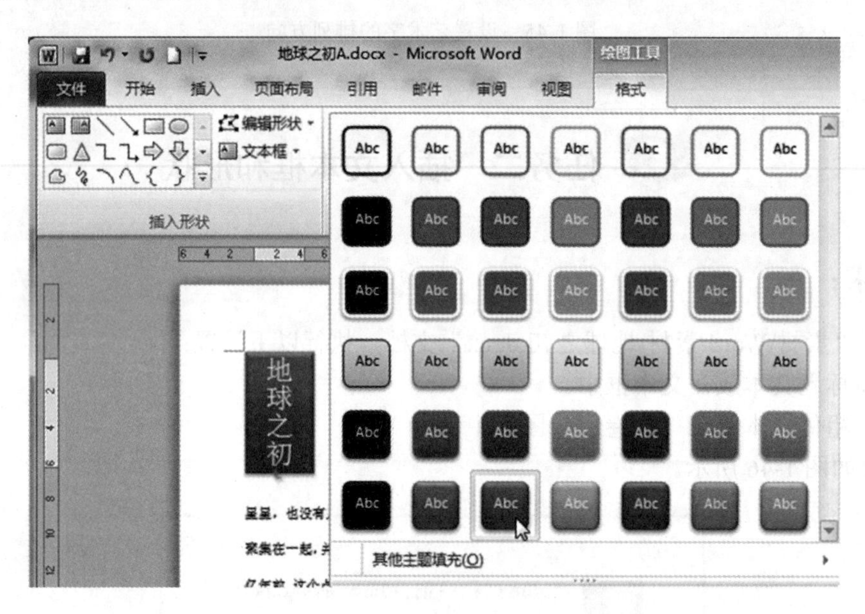

图 1-47　更改文本框样式

（3） 更改文本框中文字的样式：选择文本框，在“格式”选项卡的“文本样式”列表中选择要使用的文本样式，如图 1-48 所示。

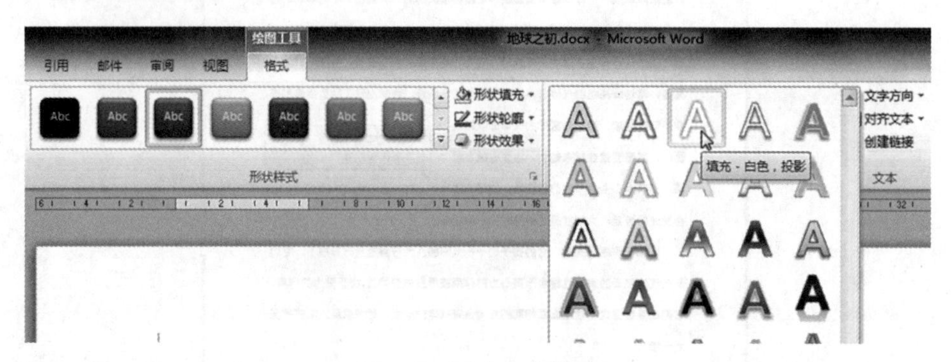

图 1-48　更改文本样式

2. 使用图形。

（1） 绘制图形：单击“插入”选项卡的“形状”按钮，从弹出的面板中选择“横卷型”图标，然后单击页面绘出图形，如图 1-49 所示。

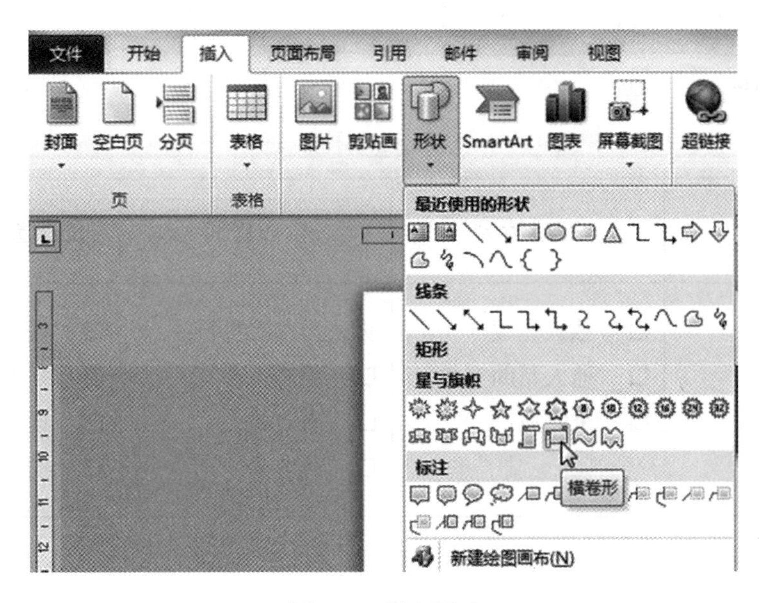

图 1-49　插入图形

（2） 更改图形的轮廓颜色：选择图形，单击“格式”选项卡的“形状样式”组中的“形状轮廓”按钮，从弹出的面板中选择轮廓颜色。

（3） 更改图形的填充颜色：选择图形，单击“格式”选项卡的“形状样式”组中的“形状填充”按钮，从弹出的面板中选择填充颜色。

（4） 在图形中添加文字：用鼠标右键单击图形，从弹出的菜单中选择“添加文字”命令，选中文档下方的粗体文本，按下“Ctrl+X”组合键剪切文本，再单击图形，按下“Ctrl+V”组合键粘贴文本。

（5） 更改图形大小和位置：拖动图形选择框上的尺寸控点更改图形大小，并使用“格式”选项卡的“排列”组中的“位置”工具将图形位置设置为“中间居右，四周形文字环绕”。

实验效果评价：

实验内容	完成情况	掌握程度	是否掌握如下操作
图文混排	□ 独立完成 □ 他人帮助完成 □ 未完成	你认为本次实验： □ 很难 □ 有点难 □ 较容易	□ 插入自选图形 □ 插入艺术字 □ 插入图片 □ 插入文本框

本次上机成绩________________

综合实践

扫一扫微课视频
任务一

扫一扫微课视频
任务二

扫一扫微课视频
任务三

任务一　制作贺卡

实践要求：

根据给出的素材，创建一张生日贺卡或其他贺卡，要求如下：

◆ 用 32 开纸，横向纸张，页边距上、下、左、右均为 1 厘米。
◆ 需使用自选图形、文本框、艺术字、图片等技术。
◆ 页面美观整洁，内容丰富多彩。

参考样文如图 1-50 所示。

图 1-50　贺卡

实践方法提示：

1. 启动 Word。

单击“开始”菜单，指向“程序”子菜单的“Microsoft Office”命令，再选择子菜单中的“Microsoft Word 2010”命令。

2. 选择纸张。

（1） 设置纸张大小：单击“页面布局”选项卡的“页面设置”组中的“纸张大小”按钮，从弹出的面板中选择“32 开”。

（2） 设置纸张方向：单击“页面布局”选项卡的“页面设置”组中的“纸张方向”按钮，从弹出的面板中选择“横向”。

3. 设置边距。

单击“页面布局”选项卡的“页面设置”组中的“页边距”按钮，从弹出的面板中选择“自定义边距”，打开“页边距”对话框进行设置。

4. 页面背景。

（1） 图片背景：单击“插入”选项卡的“插图”组中的“图片”按钮，打开“插入图片”对话框选择背景图片。

（2） 纯色背景：单击“页面布局”选项卡的“页面背景”组中的“页面颜色”按钮，从弹出的面板中选择背景颜色。

5. 插入艺术字。

单击“插入”选项卡的“文本”组中的“艺术字”按钮，从弹出的面板中选择艺术字样式。

6. 插入图片。

单击“插入”选项卡的“插图”组中的“图片”按钮，打开“插入图片”对话框选择图片。

7. 插入文本框。

单击“插入”选项卡的“文本”组中的“文本框”按钮，从弹出的面板中选择“绘制文本框”或“绘制竖排文本框”，然后在页面上单击或者拖动鼠标绘制出文本框。

8. 插入形状。

单击“插入”选项卡的“插图”组中的“形状”按钮，从弹出的面板中选择图形，再在页面上拖动鼠标绘制出形状。

9. 层叠设置（文字环绕）。

单击“格式”|“排列”组中的“自动换行”按钮，或者单击“上移一层”或“下移一层”按钮下方的三角符号，从弹出的面板中选择所选对象的层次。

*所有以上编辑的对象都可以用“格式”命令编辑设置。

任务二　个人简历

实践要求：

根据给出的素材，自由创作一个 3 页的个人简历，要求如下：

- ◆ 第 1 页为封面，第 2 页为个人信息，第 3 页为成绩表。
- ◆ A4 纸，纵向纸张。
- ◆ 需使用图片、形状、文本框、艺术字等技术。
- ◆ 页面美观整洁，内容丰富多彩。

实践方法提示：

1. 启动 Word。

单击“开始”菜单，指向“程序”子菜单的“Microsoft Office”命令，再选择子菜单中的“Microsoft Word 2010”命令。

2. 选择纸张。

单击“页面布局”选项卡的“页面设置”组中的“纸张大小”按钮，从弹出的面板中选择“A4”。

3. 设置边距。

单击“页面布局”选项卡的“页面设置”组中的“页边距”按钮，从弹出的面板中选择“自定义边距”，打开“页边距”对话框进行设置。

4. 页面背景。

（1） 图片背景：单击“插入”选项卡的“插图”组中的“图片”按钮，打开“插入图片”对话框选择背景图片。

（2） 纯色背景：单击“页面布局”选项卡的“页面背景”组中的“页面颜色”按钮，从弹出的面板中选择背景颜色。

5. 插入艺术字。

单击“插入”选项卡的“文本”组中的“艺术字”按钮，从弹出的面板中选择艺术字样式。

6. 插入图片。

单击“插入”选项卡的“插图”组中的“图片”按钮，打开“插入图片”对话框选择图片。

7. 插入文本框。

单击“插入”选项卡的“文本”组中的“文本框”按钮，从弹出的面板中选择“绘制文本框”或“绘制竖排文本框”，然后在页面上单击或者拖动鼠标绘出文本框。

8. 插入形状。

单击“插入”选项卡的“插图”组中的“形状”按钮，从弹出的面板中选择图形，再在页面上拖动鼠标绘出形状。

9. 层叠设置（文字环绕）。

单击“格式”选项卡的“排列”组中的“自动换行”按钮，或者单击“上移一层”或“下移一层”下三角按钮，从弹出的面板中选择所选对象的层次。

*所有以上编辑的对象都可以用“格式”命令编辑设置。

封面操作提示如下：

参考教师发送的封面作品，使用自选图形、文本框、艺术字、图片等技术自由创作，一般要包含：个人简历标题、姓名、专业、毕业学校、联系电话等文字。

第 2 页个人信息操作提示：

个人信息页样文如图 1-51 所示。

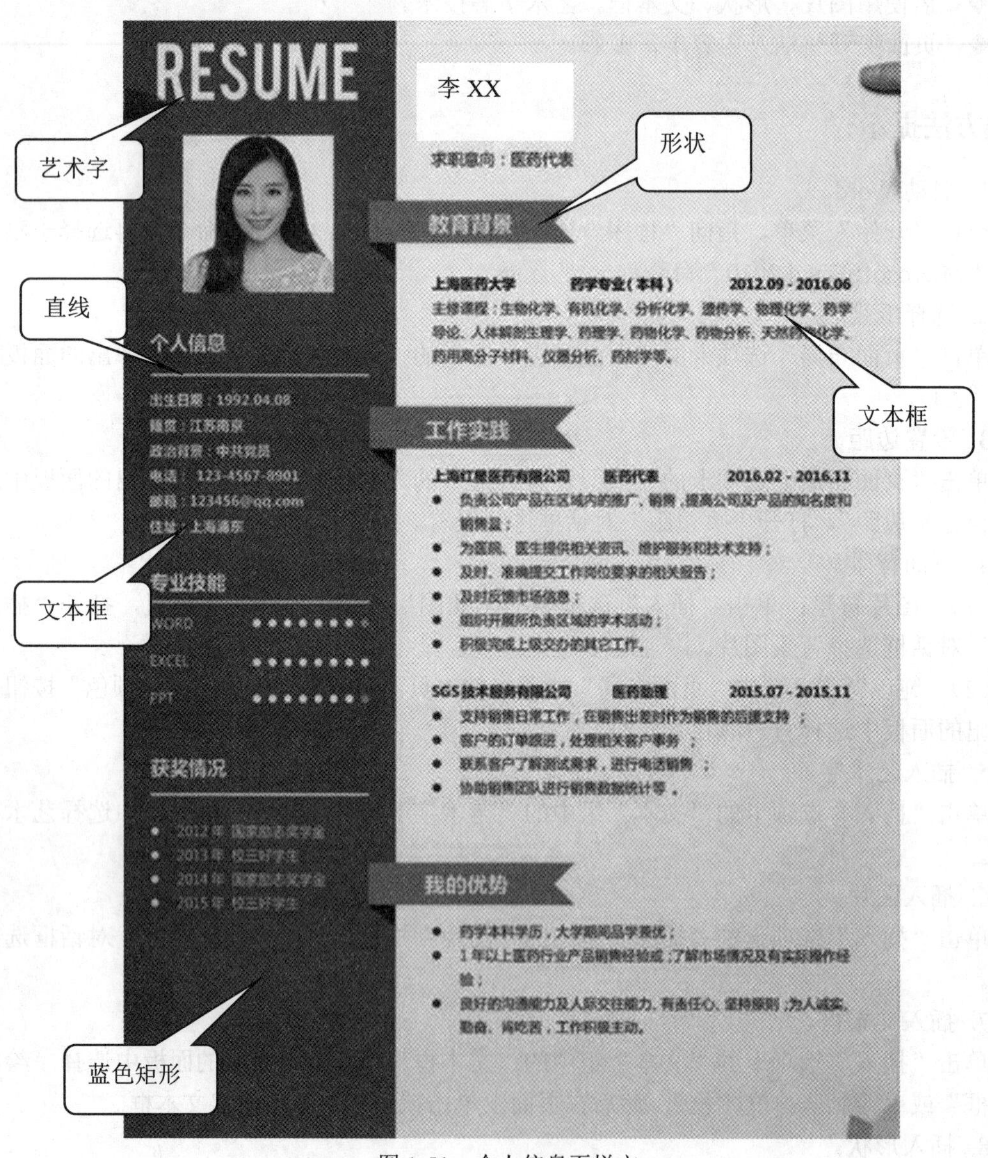

图 1-51　个人信息页样文

第 3 页成绩表操作提示：

成绩表样文如下所示。

成绩表样文

科目	第 1 学期	第 2 学期	第 3 学期	第 4 学期	第 5 学期	第 6 学期
计算机基础	90	88				
财务会计	95	96				
语文	89	90	88	85		
英语	80	86				
数学						

第 4 页自荐书 操作提示：

自荐书样文如图 1-53 所示。

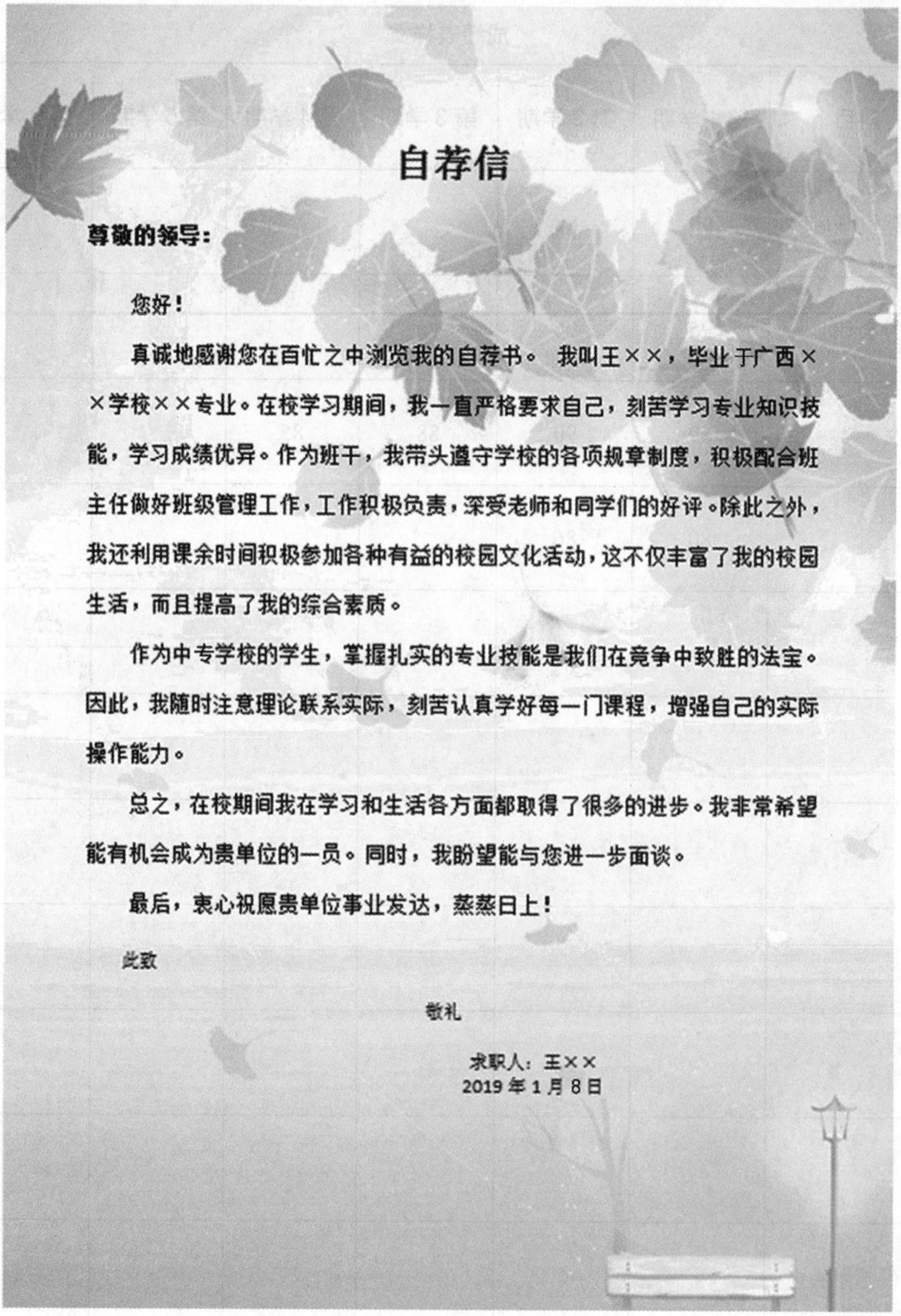

自荐信

尊敬的领导：

您好！

真诚地感谢您在百忙之中浏览我的自荐书。 我叫王××，毕业于广西××学校××专业。在校学习期间，我一直严格要求自己，刻苦学习专业知识技能，学习成绩优异。作为班干，我带头遵守学校的各项规章制度，积极配合班主任做好班级管理工作，工作积极负责，深受老师和同学们的好评。除此之外，我还利用课余时间积极参加各种有益的校园文化活动，这不仅丰富了我的校园生活，而且提高了我的综合素质。

作为中专学校的学生，掌握扎实的专业技能是我们在竞争中致胜的法宝。因此，我随时注意理论联系实际，刻苦认真学好每一门课程，增强自己的实际操作能力。

总之，在校期间我在学习和生活各方面都取得了很多的进步。我非常希望能有机会成为贵单位的一员。同时，我盼望能与您进一步面谈。

最后，衷心祝愿贵单位事业发达，蒸蒸日上！

此致

敬礼

求职人：王××

2019 年 1 月 8 日

图 1-53　自荐书样文

 任务三　“文明在我身边”手抄报

实践要求：

- ◆ 页面：根据教师给出的素材，按样文制作。
- ◆ 纸张：A4 纸张，横向。

样文如图 1-54 所示。

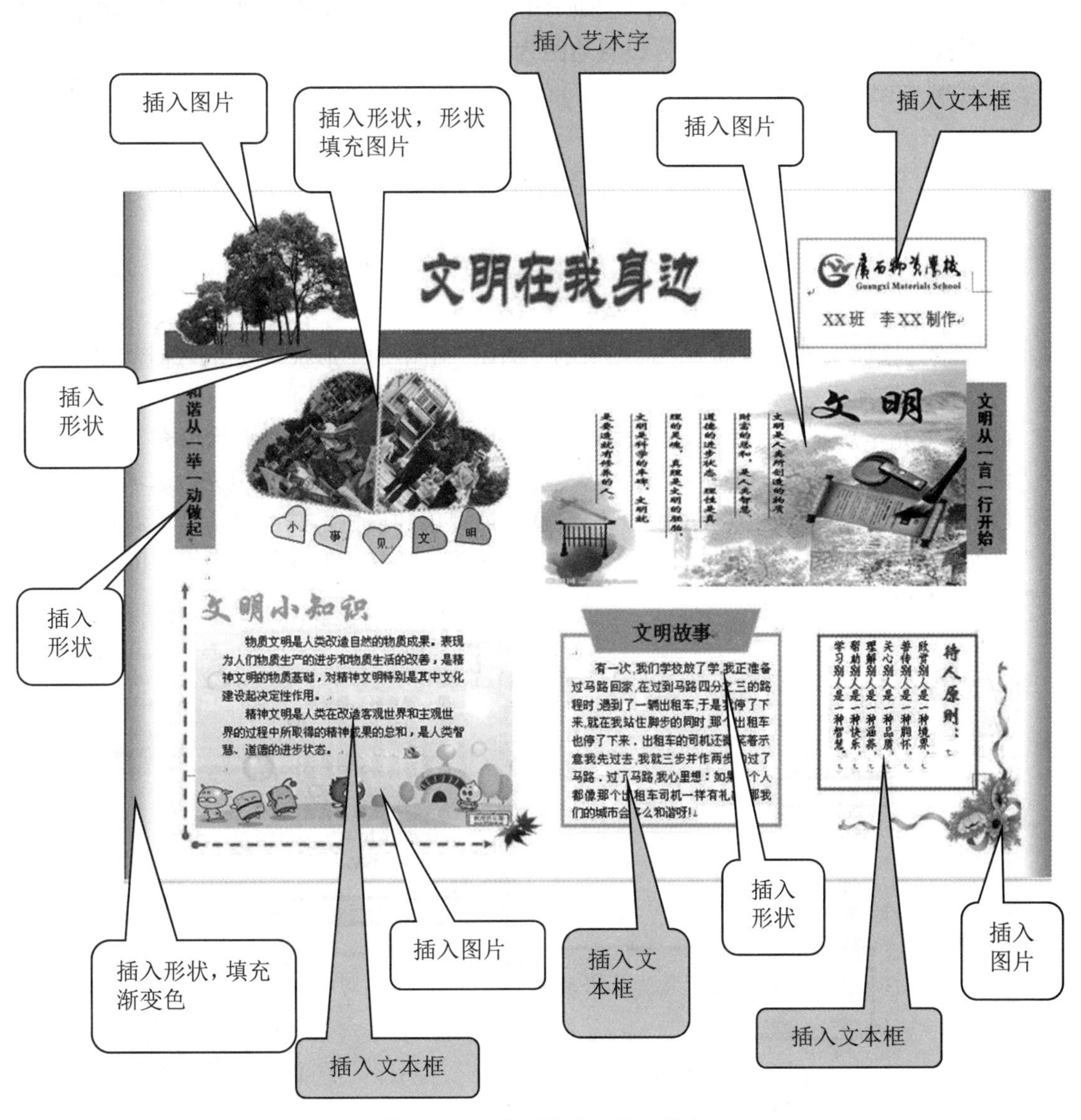

图 1-54　“文明在我身边”样文

实践方法提示：

1. 启动 Word。

单击“开始”菜单，指向“程序”子菜单的“Microsoft Office”命令，再选择子菜单中的“Microsoft Word 2010”命令。

2. 页面设置。

（1） 页面大小：默认情况下，新建 Word 文档的纸张大小为 A4 大小。

（2） 页面方向：单击“页面布局”选项卡的“页面设置”组中的“纸张方向”按钮，从弹出的面板中选择“横向”。

（3） 页边距：单击“页面布局”选项卡的“页面设置”组中的“页边距”按钮，从弹出的面板中选择“自定义边距”，设置边距为 0。

2. 绘制页面两端的渐变矩形条。

（1） 绘制矩形：单击“插入”选项卡的“插图”组中的“形状”按钮，选择“矩形”，然后在页面上拖动鼠标绘出矩形条。

（2） 填充矩形：单击“格式”选项卡的“形状样式”组中的“形状填充”按钮，选择“渐变”组中的“其他渐变”，打开“设置形状格式”对话框，在“填充”选项组中选择“渐变填充”，然后将渐变色轴的两端分别设置成渐绿色和白色，关闭对话框重新单击“格式”选项卡的“形状样式”组中的“形状填充”按钮，选择“渐变”列表组中的“线性向右”，如图 1-55 所示。

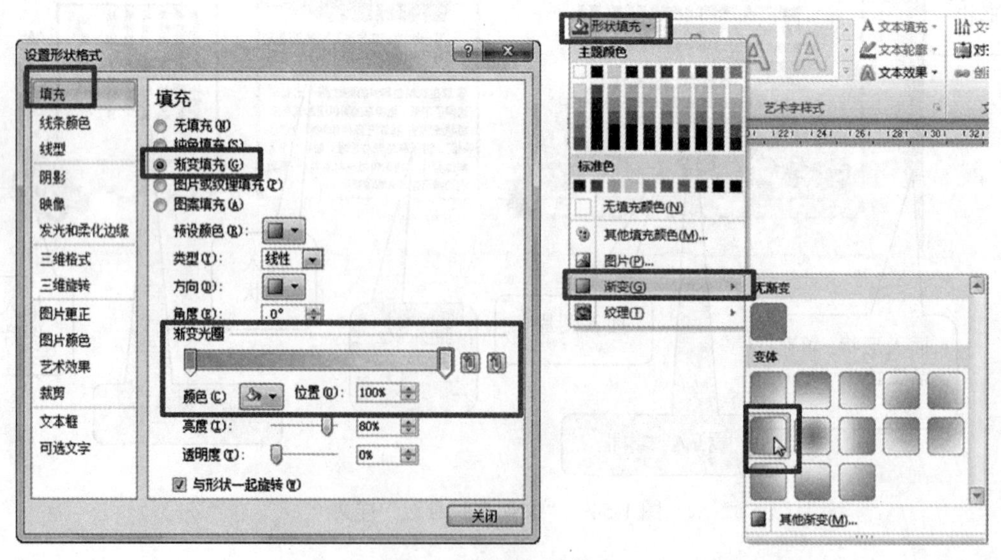

图 1-55 设置矩形填充

（3） 清除矩形轮廓：单击“格式”选项卡的“形状样式/形状轮廓”按钮，选择“无轮廓”。

3. 插入并设置树木图片。

（1） 插入树木图片：单击“插入”选项卡的“插图”组中的“图片”按钮，选择树木图片。

（2） 设置排列方式：单击“格式”选项卡的“排列”组中的“自动换行”按钮，从弹出的面板中选择“浮于文字上方”。

（3） 设置透明背景：单击“格式”选项卡的“调整”组中的“颜色”按钮，选择“设置透明色”，然后单击图片背景。

4. 绘制用图片填充的心形形状。

（1） 插入心形图片：单击“插入”选项卡的“插图”组中的“形状”按钮，从弹出的面板中选择“心形”。

（2） 用图片填充形状：单击“格式”选项卡的“形状样式”组中的“形状填充”按钮，从弹出的面板中选择“图片”。

5. 绘制“文明小知识”文本块周围的箭头。

（1） 插入箭头形状：单击“插入”选项卡的“插图”组中的“形状”按钮，从弹出的面板中选择“箭头”。

（2） 更改箭头的箭头样式、线条样式和粗细：单击“格式”选项卡的“形状样式”

组中的“形状轮廓”按钮，从弹出的面板中选择“箭头”“虚线”“粗细”子菜单中的样式。

6. 文本框的插入与设置。

文明小知识

物质文明是人类改造自然的物质成果。表现为人们物质生产的进步和物质生活的改善，是精神文明的物质基础，对精神文明特别是其中文化建设起决定性作用。

精神文明是人类在改造客观世界和主观世界的过程中所取得的精神成果的总和，是人类智慧、道德的进步状态。

（1） 插入文本框：单击“插入”选项卡的“文本”组中的“文本框”按钮，从弹出的面板中选择“绘制文本框”。

（2） 清除文本框的填充颜色：单击“格式”选项卡的“形状样式”组中的“形状填充”按钮，从弹出的面板中选择“无填充颜色”。

（3） 清除文本框轮廓：单击“格式”选项卡的“形状样式”组中的“形状轮廓”按钮，从弹出的面板中选择“无轮廓”。

7. 插入艺术字标题。

单击“插入”选项卡的“文本”组中的“艺术字”按钮，从弹出的面板中选择艺术字样式。

8. 在形状中添加文字。

用鼠标右键单击插入的形状，从弹出的快捷菜单中选择“添加文字”命令，然后在形状中输入文字。

9. 层叠设置（文字环绕）。

单击“格式”选项卡的“排列”组中的“自动换行”按钮，或者单击“上移一层”或“下移一层”下三角按钮，从弹出的面板中选择所选对象的层次。

*所有以上编辑的对象都可以用“格式”命令编辑设置。

计算机考试综合练习题——Word 模块

一、填空题

（1） 快速访问工具栏中默认显示______________按钮。

（2） Word 2010 的_______代替了传统的菜单栏和工具栏，可以帮助用户快速找到完成某一任务所需的命令。

（3） 在 Word 2010 文档中，要完成修改、移动、复制、删除等操作，必须先________要编辑的区域，使该区域成反相显示。

（4） 当一个段落结束，需要开始一个新段落时，应该按下_______键。

（5） 在 Word 2010 窗口中，单击_________按钮可取消最后一次执行的命令。

（6） 在 Word 2010 文档中，若将选定的文本复制到目的处，可以采用鼠标拖动的方法：先将鼠标移到所选定的区域，按住_________键后，拖动鼠标到目的处。

（7） 如果想要保存当前文档的备份，应选择_____________命令。

（8） 使用___________中的工具可以为文本应用内置的段落格式。

（9） 首字下沉排版方式包含________和________两种样式。

（10） 在 Word 中可以利用______和______两种单位来度量字体大小，当以_____为单位时，数值越小，字体越大；当以_____为单位时，数值越小，字体也越小。

（11） 在 Word 2010 中，若要选择整篇文档，可以按下_________组合键实现。

（12） 项目符号用于表示_________关系，编号用于表示_________关系。

（13） 通过将多个不同的_________组合起来，可以制作流程图，帮助人们快速了解工作流程，提高工作效率。

（14） 水印是指___________________。

（15） 在表格中执行计算时，可用 A1、A2、B1、B2 的形式引用表格单元格，其中字母表示________，数字表示_________。

二、单项选择题

（1） Word 2010 文档文件的扩展名是（　　）。

A. txt　　B. wps　　C. doc　　D. docx

（2） 在输入文字的过程中，若要开始一个新行而不是开始一个新的段落，可以使用快捷键（　　）。

A. Enter　　B. Ctrl+Enter

C. Shift+Enter　　D. Ctrl+Shift+Enter

（3） 字体、段落格式设置是在（　　）选项卡中。

A. 文件　　B. 插入

C. 开始　　D. 页面布局

（4） 要将页面上的文字竖向排版，可以（　　）。

A. 使用竖排文本框

B. 将纸张方向设置为竖向

C. 使用“页面布局”选项卡中的文字方向工具

D. 使用“开始”选项卡中的纵横混排工具

（5） 下面 4 种关于图文混排的说法中，（　　）是错误的。

A. 可以在文档中插入剪贴画

B. 可以在文档中插入外部图片

C. 图文混排指的是文字环绕图形四周

D. 可以在文档中插入多种格式的图形文件

（6） 如果想要将一篇文档的不同部分设置成不同页面布局，可使用（　　）。

A. 分页符　　B. 分隔符　　C. 分栏符　　D. 分节符

（7） 如果希望在 Word 2010 窗口中显示标尺，应当在“视图”选项卡上（　　）。

A. 单击“标尺”按钮　　B. 选中“标尺”复选框

C. 选中“文档结构图”复选框　　D. 单击“页面视图”按钮

（8） 使用 Word 编辑文档时，在“开始”选项卡中单击“剪贴板”组中的（　　）按钮，可将文档中所选中的文本移动到“剪贴板”上。

A. 复制　　B. 剪切　　C. 粘贴　　D. 删除

（9） Word 表格的单元格默认对齐方式是（　　）。

A. 靠上两端对齐　　B. 靠下两端对齐

C. 中部两端对齐　　D. 左对齐

（10） 使用 Word 编辑文档时，选择一个句子的操作是，移动光标到待选句子中任意处，然后按住（　　）键，单击鼠标左键。

A. Alt　　B. Ctrl　　C. Shift　　D. Tab

（11） 使用 Word 编辑文档时，按下（　　）键可删除插入点前的字符。

A. Delete　　B. BackSpace

C. Ctrl+Delete　　D. Ctrl+BackSpace

（12） 执行（　　）操作，可恢复刚删除的文本。

A. 撤销　　B. 消除　　C. 复制　　D. 粘贴

（13） 在 Word 2010 文档中，若将选中的文本复制到目的处，可以按住（　　）键，在目的处单击鼠标右键即可。

A. Ctrl　　B. Shift　　C. Alt　　D. Ctrl+Shift

（14） 如果要将文档中的部分内容设置为具有旋转、扭曲、拉伸等特殊效果的文字，可以通过（　　）来达到目的。

A. 设置文本的特殊格式　　B. 使用文本框

C. 使用艺术字　　D. 使用图形文字

（15） 在 Word 2010 文档正文中段落对齐方式有左对齐、右对齐、居中对齐、（　　）和分散对齐。

A. 上下对齐　　B. 前后对齐　　C. 两端对齐　　D. 内外对齐

三、多项选择题

（1） Word 2010 工作界面中包括（　　）。

A. 标题栏　　B. 菜单栏

C. 功能区　　D. 快速访问工具栏

E. 状态栏

（2） 要移动 Word 2010 文档中选定的文本块，可以（　　）。

A. 直接拖动文本块

B. 按住 Ctrl 键拖动文本块

C. 按下 Ctrl+X 组合键，然后在新位置上按下 Ctrl+V 组合键

D. 在“开始”选项卡中单击“剪贴板”组中的“剪切”按钮，然后在新位置单击“剪贴板”组中的“粘贴”按钮

（3） 使用“开始”选项卡上的“字体”组中的工具可设置（　　）等选项。

A. 字体　　B. 字符间距

C. 字符行距　　D. 文字效果

（4） Word 2010 提供的字型主要包括（　　）等类型。

A. 常规　　B. 标准

C. 长型　　D. 宽型

E. 加粗　　F. 加粗并倾斜

（5） 按下（　　）键可以删除文档中的字符。

A. Enter　　B. 退格

C. Delete　　D. 空格

（6） Word 中的字符包括（　　）。

A. 字母、汉字、数字　　B. 标点符号

C. 特殊符号　　D. 嵌入的图片

（7） 使用（　　）可以使文档的层次结构更清晰、更有条理。

A. 标题　　B. 项目符号

C. 编号　　D. 多级列表

（8） 在“页面布局”选项卡的“页面设置”组中可进行的设置有（　　）。

A. 文字方向　　B. 页边距

C. 纸张方向　　D. 页面背景

E. 纸张大小　　F. 分隔符

（9） 使用（　　）文字环绕方式的对象不能随文字一起移动。

A. 四周型　　B. 紧密型

C. 穿越型　　D. 嵌入型

（10）（　　）是 Office 内置的对象。

A. 形状　　B. 图片

C. 剪贴画　　D. SmarArt 图形

（11） 在 Word 2010 中可以插入（　　）表格。

A. 规范表格　　　　　　　　　　B. 手工绘制的不规范表格

C. Excel 电子表格　　　　　　　D. 具有特定格式的表格

（12） 在 Word 中除了可以在页面中直接输入文字外，还可以在（　　）中直接输入文字。

A. 文本框　　　　　　　　　　B. 形状

C. 标注图形　　　　　　　　　D. SmartArt 图形

四、判断题

（1） Word 2010 具有图文混排功能，可设置文字竖排和多种绕排效果。（　　）

（2） Word 2010 文档的复制、剪切、粘贴操作可以通过菜单命令、工具栏按钮和快捷键来实现。（　　）

（3） 为了方便对文档进行格式化，可以将文档分割成任意部分数量的节。（　　）

（4） 在“页面设置”对话框中，可以指定每页的行数和每行的字符数。（　　）

（5） 当选择了插入的剪贴画或图片后，Word 2010 会在功能区中自动显示图片工具。（　　）

（6） 按下“Ctrl＋A”组合键将选定整个文档。（　　）

（7） 在对 Word 表格中的数据进行分类汇总之前，必须先对数据进行排序。（　　）

（8） 在创建一个新文档后，Word 2010 会自动给它一个临时文件名。（　　）

（9） Word 2010 定时自动保存功能的作用是定时自动为用户保存文档。（　　）

（10） 在 Word 2010 中可以直接将普通文字转换为艺术字。（　　）

（11） 艺术字对象实际上就是文字对象。（　　）

（12） 当遇到需要跨版自动调整文档页面内容的情况时，可以用文本框解决问题。（　　）

（13） 在 Word 2010 中单击鼠标可以取得与当前工作相关的快捷菜单，方便快速地选择命令。（　　）

（14） 在 Word 2010 中绘制的图形都可以变形，所以可以用图形来组合成特殊图形。（　　）

（15） Word 2010 中插入图片的来源有两种，一种是外部图片，另一种是 Word 本身自带的剪贴画。（　　）

模块 2

电子表格处理软件 Excel 2010 的应用

实践一 Excel 入门

扫一扫微课视频

任务一

扫一扫微课视频

任务二

实践目的：

- 学会工作簿的创建、保存和退出。
- 学会工作表的创建和删除。
- 掌握表格数据的输入方法。

任务一 新建工作表

实践要求：

在“Sheet1”工作表中，按照样表 1 创建销售统计表。

样表 1　全年部分商品销售统计表

单位：元

	A	B	C	D	E	F
1	全年部分商品销售统计表					
2	商品名称	第一季	第二季	第三季	第四季	合计
3	冰箱	462000	350058	452200	416884	
4	液晶电视	802000	902060	806025	1045122	
5	洗衣机	320152	450055	505600	456223	
6	微波炉	245752	460022	350011	454899	
7	空调	586400	1822010	9531212	854564	

实践步骤：

1. 启动 Excel。

单击“开始”菜单，指向“程序”|“Microsoft Office”命令，选择子菜单中的“Microsoft Excel 2010”命令。

2. 编辑标题。

（1） 在 A1 单元格中单击鼠标右键，键入标题“全年部分商品销售统计表”。

（2） 选中 A1 至 F1（按下鼠标左键拖动），在当前地址窗口显示“1R×6C”。表示选中了 1 行 6 列，如图 2-1 所示。

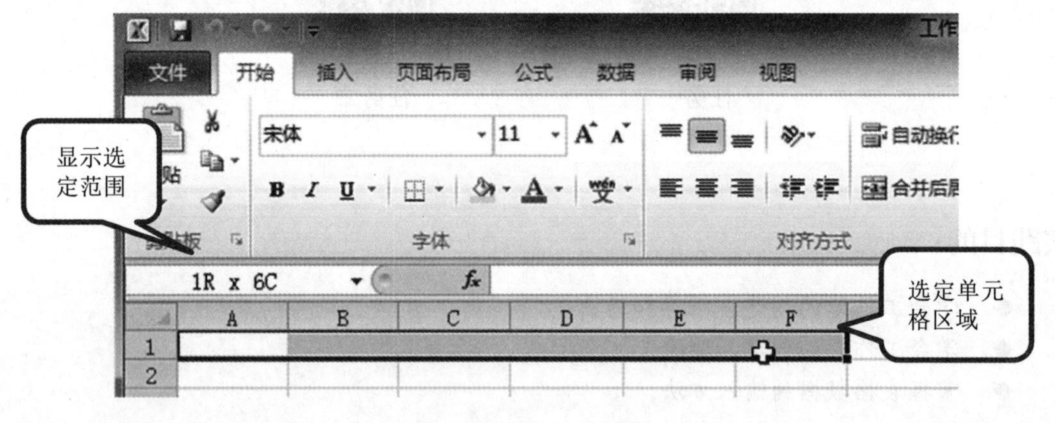

图 2-1　选定单元格区域

（3） 合并后居中，单击“开始”选项卡的“对齐方式”组中的“合并后居中”按钮，实现单元格的合并及标题居中的功能。

3. 输入表格数据。

单击 A2 单元格，输入“商品名称”。然后用光标键选定 B3 单元格，输入数字，并用同样的方式完成其他单元格内容的输入。

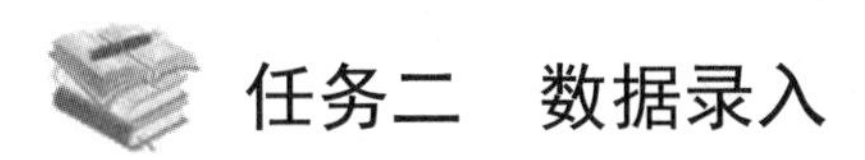

任务二　数据录入

实践要求：

在“Sheet2”工作表中，按照样表 2 创建工资表。

样表 2　工资表

一月员工工资详表					
序号	姓名	性别	身份证号码	参加工作时间	工资
01	马一龙	女	312121197912021203	2005/3/10	¥2,202.00
02	陈言松	男	312121197912021203	2003/5/9	¥2,523.00
03	王清清	女	322121197806131526	2002/10/20	¥2,804.00
04	周晓晨	女	322121198008101210	2004/8/18	¥2,323.00
05	宋雪	女	522121198101081580	2004/8/17	¥2,312.00
06	刘肖	男	241212198305201588	2006/2/26	¥2,163.00
07	高琼武	男	522121198607191875	2008/3/16	¥1,843.00

实践步骤：

1. 合并后居中。

选择 A1:F1 单元格区域，合并后居中。

2. 输入文字。

在要输入数据的单元格中单击定位插入点，输入所有的文字数据。

3. 输入序号。

（1） 在 A3 单元格中先输入“'”，再输入“01”，然后按下“Enter”键。

（2） 单击 A3 单元格，将鼠标指针放在 A3 单元格右下角的填充柄上向下拖动，将填充序号 02～07，如图 2-2 所示。

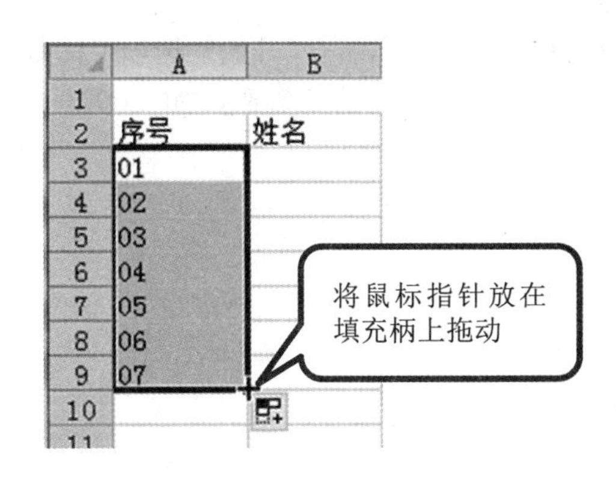

图 2-2　输入序号

4. 输入身份证号码。

（1） 在 D3 到 D9 单元格上拖动选择单元格区域，在“开始”选项卡的数字格式下拉列表中选择“文本”，如图 2-3 所示。

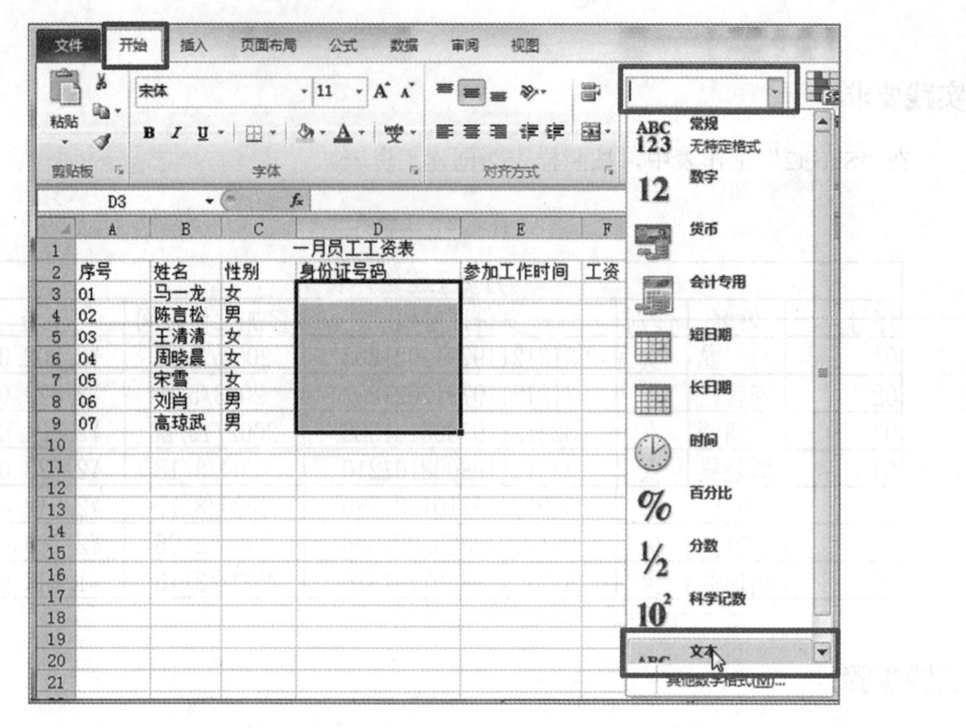

图 2-3　设置数字格式

（2） 在各单元格中输入相应的身份证号码。

5. 输入日期。

（1） 选择 F3:F9 单元格区域，在“开始”选项卡的数字格式下拉列表中选择“短日期”。

（2） 在各单元格中输入相应的日期，如 2006-3-10，按下“Enter”键自动替换为所选日期格式。

6. 录入工资额。

（1） 选择 E3:E9 单元格区域，在“开始”选项卡的数字格式下拉列表中选择“货币”。

（2） 在各单元格中输入相应的工资额，如 2002，按下“Enter”键自动替换为货币格式。

实验效果评价：

实验内容	完成情况	掌握程度	是否掌握如下操作
1. 工作簿的创建和保存 2. 在工作表中添加数据	□ 独立完成 □ 他人帮助完成 □ 未完成	你认为本次实验： □ 很难 □ 有点难 □ 较容易	□ 创建 Excel 工作簿 □ 编辑工作表数据

本次上机成绩________________

实践二　表格基本操作

扫一扫微课视频
任务一

扫一扫微课视频
任务二

实践目的：

- ◆ 学会工作表的基础操作。
- ◆ 学会单元格数据的移动、复制和删除。
- ◆ 学会在工作表中插入/删除行、列、单元格等操作。

任务一　操作工作表及设置单元格（销售情况表）

实践要求：

在 Excel 2010 中打开文件 A6.xlsx，并按要求设置工作表及单元格，结果如样表 3 所示。

样表 3

利达公司2010年度各地市销售情况表（万元）

城市	第一季度	第二季度	第三季度	第四季度	合计
郑州	266	368	486	468	1588
商丘	126	148	283	384	941
漯河	0	88	276	456	820
南阳	234	186	208	246	874
新乡	186	288	302	568	1344
安阳	98	102	108	96	404

（一）工作表的基本操作

1. 将“Sheet1”工作表中的所有内容复制到“Sheet3”工作表中，并将“Sheet3”工作表重命名为“销售情况表”，将此工作表标签的颜色设置为标准色中的“橙色”。

2. 在“销售情况表”工作表中，在标题行下方插入一空行，设置行高为 10；将“郑州”一行移至“商丘”一行的上方；删除第 G 列（空列）。

（二）单元格格式的设置

1. 在“销售情况表”工作表中，将单元格区域 B2:G3 合并后居中。字体设置为华文仿宋、20 磅、加粗，并为标题行填充天蓝色（RGB：146，205，220）底纹。

2. 将单元格区域 B4:G4 的字体设置为华文行楷、14 磅、白色，文本对齐方式为居中，为其填充红色（RGB：200，100，100）底纹。

3. 将单元格区域 B5:G10 的字体设置为华文细黑、12 磅，文本对齐方式为居中，为其填充玫瑰红色（RGB：230，175，175）底纹。并将其外边框设置为粗实线，内部框线设置为虚线，颜色均设置为深红色。

实践步骤：

（一）工作表的基本操作

1. 工作表的操作。

（1） 复制工作表内容：在“Sheet1”工作表中，按下“Ctrl+A”组合键选中整个工作表，单击“开始”选项卡的“剪贴板”组中的“复制”按钮。切换至“Sheet3”工作表，选中 A1 单元格，单击“剪贴板”组中的“粘贴”按钮。

（2） 重命名工作表：在“Sheet3”工作表的标签上单击鼠标右键，从弹出的快捷菜单中选择“重命名”命令，此时的标签会显示黑色背景。用鼠标右键单击，输入新的工作表名称“销售情况表”。

（3） 更改工作表标签颜色：用鼠标右键单击工作表标签，从弹出的快捷菜单中选择“工作表标签颜色”命令，在打开的列表中选择“标准色”中的“橙色”，如图 2-4 所示。

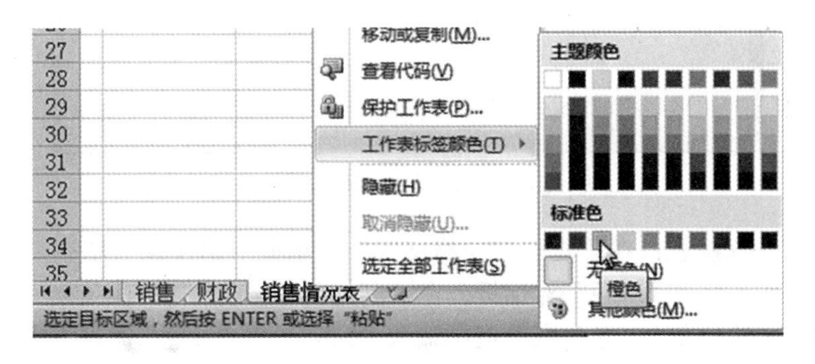

图 2-4　更改工作表标签颜色

2. 行与列的操作。

（1） 在“销售情况表”工作表中第 3 行的行号上单击鼠标右键，从弹出的快捷菜单中选择“插入”命令，即可在标题行的下方插入一空行。

（2） 在“销售情况表”工作表中第 3 行的行号上单击鼠标右键，从弹出的快捷菜单中选择“行高”命令，打开“行高”对话框。在“行高”文本框中输入“10”，如图 2-5 所示，单击“确定”按钮。

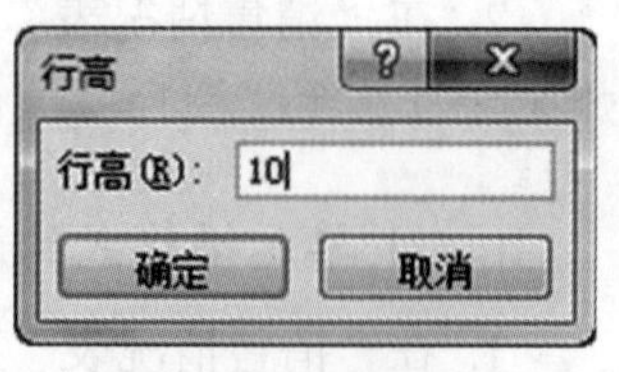

图 2-5 设置行高

（3） 在文本“郑州”所在行的行号上单击鼠标右键，从弹出的快捷菜单中选择“剪切”命令，将该行内容暂时存放在剪贴板中。在文本“商丘”所在行的行号上单击鼠标右键，从弹出的快捷菜单中选择“插入剪切的单元格”命令。

（4） 在第 G 列的列标上单击鼠标右键，从弹出的快捷菜单中选择“删除”命令，删除该空列。

（二）单元格格式的设置

1. 设置标题单元格的格式。

（1） 合并后居中：在“销售情况表”工作表中选中单元格区域 B2:G3，单击“开始”选项卡的“对齐方式”组中的“合并后居中”按钮。

（2） 设置文本数据格式：单击“开始”选项卡的“字体”工具组右下角的控件，打开“设置单元格格式”对话框。在“字体”选项卡的“字体”列表框中选择“华文仿宋”，在“字号”列表框中选择“20”磅，在“字形”列表框中选择“加粗”，如图 2-6 所示。

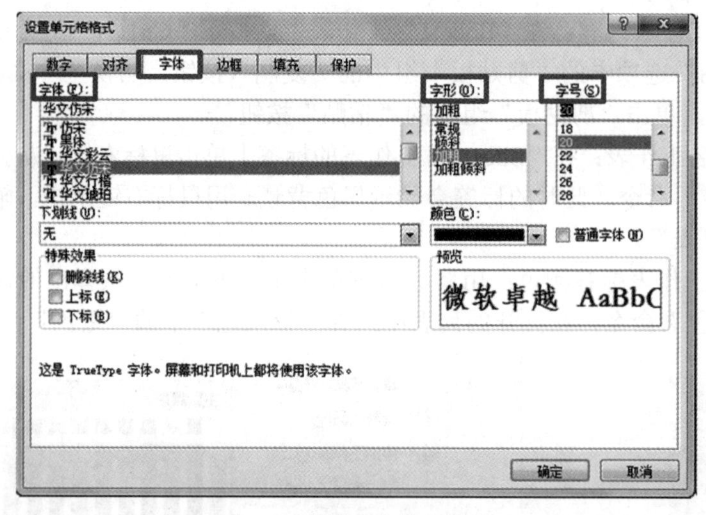

图 2-6 设置文本数据格式

（3） 设置填充颜色：在“设置单元格格式”对话框中切换到“填充”选项卡，单击“其他颜色”按钮，弹出“颜色”对话框。在“自定义”选项卡的“颜色模式”下拉列表框中选择“RGB”，然后在“红色”微调框中输入“146”，在“绿色”微调框中输入“205”，在“蓝色”微调框中输入“220”，如图 2-7 所示。单击“确定”按钮，返回“设置单元格格式”对话框。单击“确定”按钮。

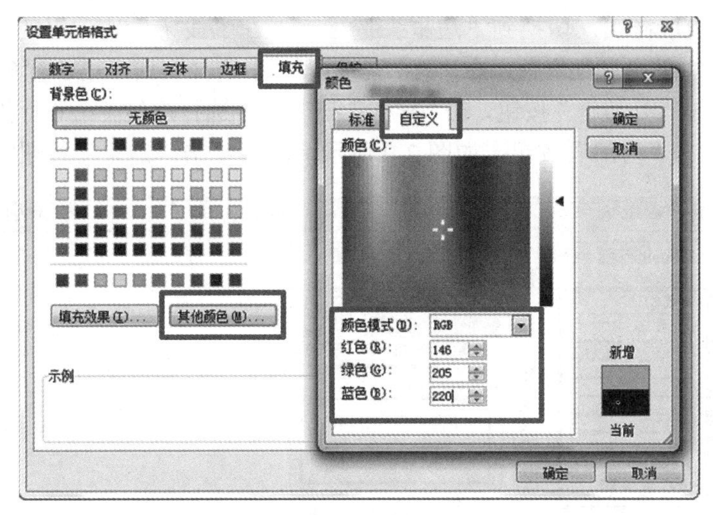

图 2-7　设置填充颜色

2. 设置单元格区域 B4:G4 的格式。

（1） 设置数据格式：选中单元格区域 B4:G4，打开“设置单元格格式”对话框。在“字体”选项卡的“字体”列表框中选择“华文行楷”，在“字号”列表框中选择“14”磅，在“颜色”列表框中选择“白色”。

（2） 设置填充颜色：切换到“填充”选项卡，单击“其他颜色”按钮，弹出“颜色”对话框。在“自定义”选项卡的“颜色模式”下拉列表框中选择“RGB”，在“红色”微调框中输入“200”，在“绿色”微调框中输入“100”，在“蓝色”微调框中输入“100”。单击“确定”按钮，返回“设置单元格格式”对话框，单击“确定”按钮。

（3） 设置数据对齐方式：单击“开始”选项卡的“对齐方式”组中的“居中”按钮，如图 2-8 所示。

图 2-8　设置数据对齐方式

3. 设置单元格区域 B5:G10 的格式。

（1） 设置数据对齐方式：选中单元格区域 B5:G10，单击“开始”选项卡的“对齐方式”组中的“居中”按钮。

（2） 设置数据格式：打开“设置单元格格式”对话框，在“字体”选项卡的“字体”列表框中选择“华文细黑”，在“字号”列表框中选择“12”磅。

（3） 设置填充颜色：切换到“填充”选项卡，单击“其他颜色”按钮，弹出“颜色”对话框。在“自定义”选项卡的“颜色模式”下拉列表框中选择“RGB”，在“红色”微调框中输入“230”，在“绿色”微调框中输入“175”，在“蓝色”微调框中输入“175”，单击“确定”按钮。

（4） 设置边框样式：切换到“边框”选项卡，在“线条”选项组的“颜色”列表中选择“标准色”中的“深红”色，在“样式”列表框中选择实线（第 5 行第 2 列）。在“预置”选项组中单击“外边框”按钮，在“样式”列表框中选择虚线（第 6 行第 1 列），在“预置”选项组中单击“内部”按钮，如图 2-9 所示，然后单击“确定”按钮。

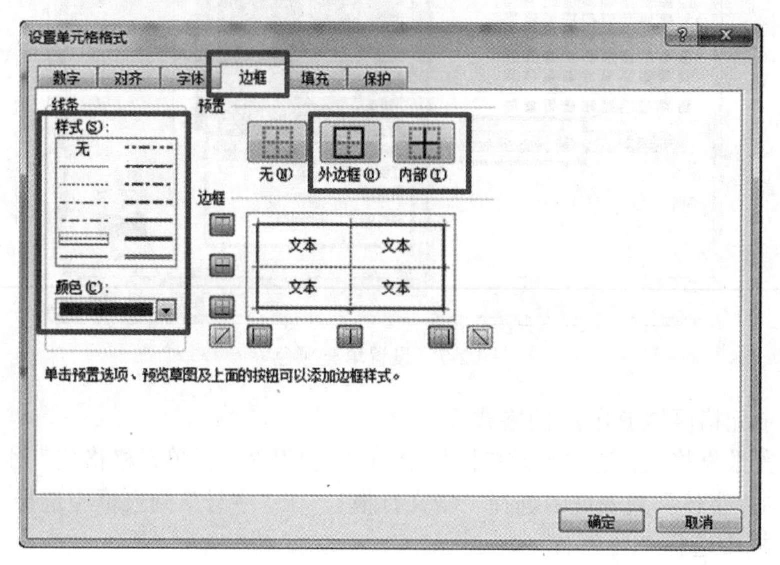

图 2-9　设置边框

任务二　操作工作表及设置单元格（财政支出表）

实践要求：

在 Excel 2010 中打开文件 A6.xlsx，并按要求设置工作表及表格，结果如样表 4 所示。

样表 4

各地区2010年预算内财政支出表（万元）

地区	支援农业	经济建设	卫生科学	行政管理	优抚	其他	总支出
北京	114.66	131.01	571.88	186.49	38.63	34.28	1076.95
上海	71.60	119.05	513.25	170.35	34.42	13.00	921.67
平海	166.08	989.25	1040.89	527.68	85.25	328.67	3137.82
石家庄	167.75	209.59	744.40	254.61	50.92	75.86	1503.13
胡宁	214.10	714.80	1095.10	561.20	80.80	401.13	3067.13
三亚	161.89	831.32	855.39	370.43	60.55	167.67	2447.25
黑龙江	326.30	650.70	1556.40	758.50	118.50	775.10	4185.50
吉林	369.20	678.85	1458.30	748.38	99.07	627.70	3981.50

（一）工作表的基本操作

1. 工作表的操作：插入一个新工作表，将“财政”工作表中的所有内容复制到新工作表中。并将新工作表重命名为“财政预算表”，将此工作表标签的颜色设置为“标准色”中的“深蓝色”。

2. 行与列的操作：在“财政预算表”工作表中标题行的下方插入一空行，并设置行高为 7。将“三亚”一行与“平海”一行的位置互换，将表格标题行的行高设置为 30。设置第 A 列的列宽为 7，其他列的列宽均为 10。

（二）单元格格式的设置

1. 在“财政预算表”工作表中，将单元格区域 A1:H1 合并后居中。设置字体为华文琥珀、20 磅、深蓝色，并为其填充水平的淡紫色（RGB：255，153，255）和浅绿色（RGB：204，255，153）的渐变底纹。

2. 将单元格区域 A3:H3 的字体设置为隶书、14 磅、紫色、水平居中，并为其填充浅青绿色（RGB：102，204，255）底纹。

3. 将单元格区域 A4:H11 的字体设置为微软雅黑、11 磅、深绿色（RGB：0，102，0），并为其填充金色（RGB：255，204，0）底纹。

4. 将单元格区域 A3:H11 的外边框设置为如样表 4 所示的红色的粗双画线，内部框线设置为褐色（RGB：153，51，0）的单实线。

实践步骤：

（一）工作表的基本操作

1. 工作表的操作。

（1） 插入工作表：单击工作表标签栏中的“插入工作表”按钮，插入一个新工作表，如图 2-10 所示。

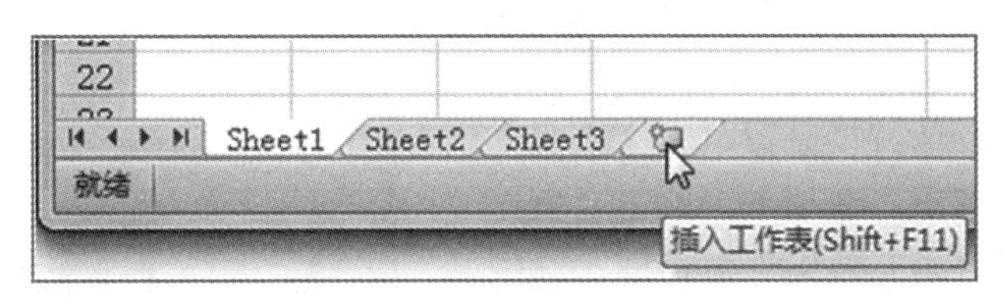

图 2-10　插入工作表

（2） 复制工作表内容：在“财政”工作表中拖动鼠标选择数据区域，单击“开始”选项卡的“剪贴板”组中的“复制”按钮。切换至新建工作表中，选中 A1 单元格，单击“剪贴板”组中的“粘贴”按钮。

（3） 重命名工作表：在新建工作表的标签上单击鼠标右键，从弹出的快捷菜单中选择“重命名”命令，输入新工作表名称“财政预算表”。

（4） 更改工作表标签颜色：在“财政预算表”工作表标签上单击鼠标右键，从弹出的快捷菜单中选择“工作表标签颜色”命令，在打开的列表中选择“标准色”中的“深蓝色”。

2. 行与列的操作。

（1） 在“财政预算表”工作表中第 2 行的行号上单击鼠标右键，从弹出的快捷菜单中选择“插入”命令，即可在标题行的下方插入一空行。

（2） 在第 2 行的行号上单击鼠标右键，从弹出的快捷菜单中选择“行高”命令，打开“行高”对话框。在“行高”文本框中输入数值“7”，单击“确定”按钮。

（3） 移动和删除行：在文本“平海”所在行的行号上单击鼠标右键，从弹出的快捷菜单中选择“复制”命令，将该行内容暂时存放在剪贴板中。在文本“三亚”所在行的行号上单击鼠标右键，从弹出的快捷菜单中选择“插入复制的单元格”命令；在文本“三亚”所在行的行号上单击鼠标右键，从弹出的快捷菜单中选择“剪切”命令，将该行内容暂时存放在剪贴板中。在第 10 行文本“平海”所在行的行号上单击鼠标右键，再从弹出的快捷菜单中选择“粘贴”命令。在第 7 行空行的行号上单击鼠标右键，从弹出的快捷菜单中选择“删除”命令删除该行。

（4） 设置行高：在标题行的行号上单击鼠标右键，从弹出的快捷菜单中选择“行高”命令，打开“行高”对话框，在“行高”文本框中输入数值“30”，单击“确定”按钮。

（5） 设置列宽：在 A 列的列号上单击鼠标右键，从弹出的快捷菜单中选择“列宽”命令，打开“列宽”对话框。在“列宽”文本框中输入数值“7”，单击“确定”按钮。在 B-H 列的列标签上拖动鼠标选择 B-H 列，在列标签上单击鼠标右键，从弹出的快捷菜单中选择“列宽”命令，打开“列宽”对话框。在“列宽”文本框中输入数值“10”，单击“确定”按钮。

（二）单元格格式的设置

1. 设置标题单元格的格式。

（1） 合并后居中：在“财政预算表”工作表中选中单元格区域 A1:H1，单击“开始”选项卡的“对齐方式”组中的“合并后居中”按钮。

（2） 设置文本数据格式：单击“开始”选项卡的“字体”工具组右下角的控件，打开“设置单元格格式”对话框，在“字体”选项卡的“字体”列表框中选择“华文琥珀”，在“字号”列表框中选择“20”磅，在“颜色”列表框中选择“深蓝”。

（3）设置填充颜色：在“设置单元格格式”对话框中切换到“填充”选项卡，单击“填充效果”按钮，打开“填充效果”对话框。选中“双色”单选按钮，在“颜色 1”下拉列表框中选择“其他颜色”，打开“颜色”对话框。在“自定义”选项卡的“颜色模式”下拉列表框中选择“RGB”，然后在“红色”微调框中输入“255”，在“绿色”微调框中输入“153”，在“蓝色”微调框中输入“255”。单击“确定”按钮，返回“填充效果”对话框，在“颜色 2”下拉列表框中选择“其他颜色”，在打开的“颜色”对话框中设置“RGB：204，255，153”颜色模式。在“底纹样式”选项组中选择“水平”单选按钮，并选择第 1 种“变形”，如图 2-11 所

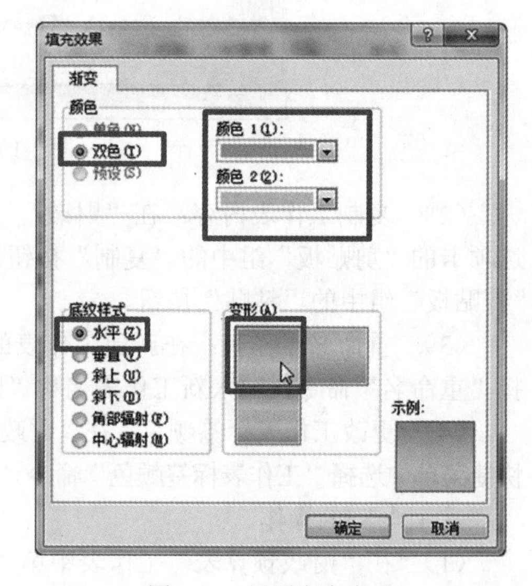

图 2-11 设置渐变底纹

示。单击“确定”按钮，返回“设置单元格格式”对话框，单击“确定”按钮。

2. 设置单元格区域 A3:H3 的格式。

（1） 设置数据格式：选中单元格区域 A3:H3，打开“设置单元格格式”对话框。在“字体”选项卡的“字体”列表框中选择“隶书”，在“字号”列表框中选择“14”磅，在“颜色”列表框中选择“紫色”。

（2） 设置填充颜色：切换到“填充”选项卡，单击“其他颜色”按钮，打开“颜色”对话框。在“自定义”选项卡的“颜色模式”下拉列表框中选择“RGB”，在“红色”微调框中输入“102”，在“绿色”微调框中输入“204”，在“蓝色”微调框中输入“255”，单击“确定”按钮，返回“设置单元格格式”对话框，单击“确定”按钮。

（3） 设置数据对齐方式：单击“开始”选项卡的“对齐方式”组中的“居中”按钮。

3. 设置单元格区域 A4:H11 的格式。

（1） 设置数据格式：选中单元格区域 A4:H11，打开“设置单元格格式”对话框。在“字体”选项卡的“字体”列表框中选择“微软雅黑”，在“字号”列表框中选择“11”磅。在“颜色”下拉列表框中选择“其他颜色”，打开“颜色”对话框。在“自定义”选项卡的“颜色模式”下拉列表框中选择“RGB”，在“红色”微调框中输入“0”，在“绿色”微调框中输入“102”，在“蓝色”微调框中输入“0”，单击“确定”按钮。

（2） 填充底纹颜色：打开“设置单元格格式”对话框，切换到“填充”选项卡。单击“其他颜色”按钮，打开“颜色”对话框。在“自定义”选项卡的“颜色模式”下拉列表中选择“RGB”，在“红色”微调框中输入“255”，在“绿色”微调框中输入“204”，在“蓝色”微调框中输入“0”，单击“确定”按钮。

4. 设置单元格区域 A3:H11 的格式。

（1） 设置外边框样式：选中单元格区域 A3:H11，打开“设置单元格格式”对话框。切换到“边框”选项卡，在“线条”选项组的“颜色”列表中选择标准色中的“红色”，在“样式”列表框中选择粗双画线，在“预置”选项组中单击“外边框”按钮。

（2） 设置内边框样式：在“设置单元格格式”对话框的“边框”选项卡的“颜色”列表框中选择“其他颜色”，打开“颜色”对话框。在“自定义”选项卡的“颜色模式”下拉列表中选择“RGB”，在“红色”微调框中输入“153”，在“绿色”微调框中输入“51”，在“蓝色”微调框中输入“0”，单击“确定”按钮，返回“设置单元格格式”对话框。在“样式”列表框中选择单实线，在“预置”选项组中单击“内部”按钮。

实验效果评价：

实验内容	完成情况	掌握程度	是否掌握如下操作
1. 工作表的基础操作 2. 数据的移动、复制和删除 3. 插入/删除行、列、单元格	□ 独立完成 □ 他人帮助完成 □ 未完成	你认为本次实验： □ 很难 □ 有点难 □ 较容易	□ 工作表的基础操作 □ 数据的移动、复制和删除 □ 插入/删除行、列、单元格

本次上机成绩______________

实践三　格式化电子表格

扫一扫微课视频
任务一

扫一扫微课视频
任务二

扫一扫微课视频
任务三

实践目的：

- ◆ 学会设置文本和单元格格式的方法。
- ◆ 掌握调整行高和列宽的技巧。
- ◆ 学会在工作表中添加艺术字。
- ◆ 掌握设置数字格式、条件格式等操作方法。

任务一　格式化进货单

实践要求：

打开“Excel 素材\进货单.xlsx”工作簿，执行以下操作和设置：

1. 在第 1 行上方插入一个新行，输入标题文本“一月酒饮进货单”。
2. 合并 A1:H1 单元格区域。
3. 将标题行的行高设置为 20 mm，将数据区域各列的列宽设置为 10 mm。
4. 为数据区域添加表格边框。
5. 为标题单元格添加橙色底纹，为其他数据区域添加浅黄色底纹。

结果如样表 5 所示。

样表 5

	A	B	C	D	E	F	G	H	I
1	一月酒饮进货单								
2	编号	进货日期	产品编码	产品名称	单位	数量	成本	购入金额	
3	001	1	00010	咖啡	箱	25	¥250.00		
4	002	10	00010	咖啡	箱	70	¥250.00		
5	003	10	00011	啤酒	件	25	¥200.00		
6	004	14	00010	咖啡	箱	3	¥250.00		
7	005	19	00011	啤酒	件	70	¥200.00		
8									

实践步骤：

1. 添加标题。

（1） 用鼠标右键单击第 1 行行号，从弹出的快捷菜单中选择“插入”命令，插入一个新行。

（2） 在新行中输入标题文本“一月酒饮进货单”。

2. 合并单元格。

选择单元格区域 A1:H1，单击“开始”选项卡的“对齐方式”组中的“合并后居中”按钮。

3. 设置行高和列宽。

（1） 选择标题单元格，单击“开始”选项卡的“单元格”组中的“格式”按钮，从弹出的菜单中选择“行高”命令。打开“行高”对话框，输入行高值 20，单击“确定”按钮。

（2） 在列标签上从 A 拖动到 H，选择 A～H 列，如图 2-12 所示。

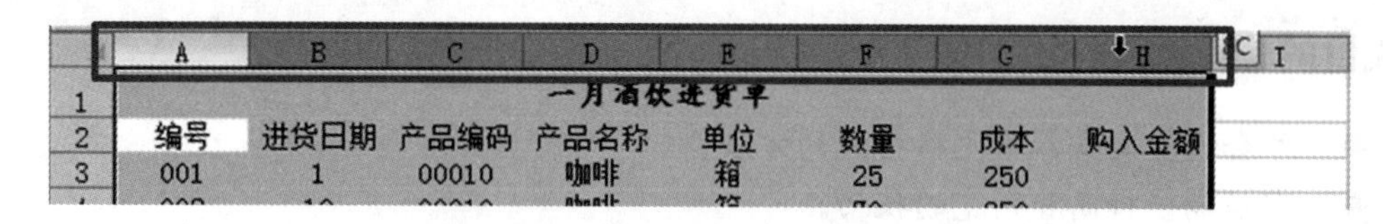

图 2-12 在列标签上拖动鼠标选择多列

（3） 单击“开始”选项卡的“单元格”组中的“格式”按钮，从弹出的菜单中选择“列宽”命令，打开“列宽”对话框。输入列宽值 10，单击“确定”按钮。

4. 设置表格边框。

选择单元格区域 A2:H7，单击“开始”选项卡的“字体”组中的“边框”按钮右侧的下拉按钮，从弹出的菜单中选择“所有框线”命令。

5. 设置表格底纹。

（1） 用鼠标右键单击标题单元格，从弹出的快捷菜单中选择“设置单元格格式”命令，打开“设置单元格格式”对话框。切换到“填充”选项卡，选择橙色，单击“确定”按钮。

（2） 选择单元格区域 A2:H7，单击鼠标右键。从弹出的快捷菜单中选择“设置单元格格式”命令，打开“设置单元格格式”对话框。切换到“填充”选项卡，选择黄色，单击“确定”按钮。

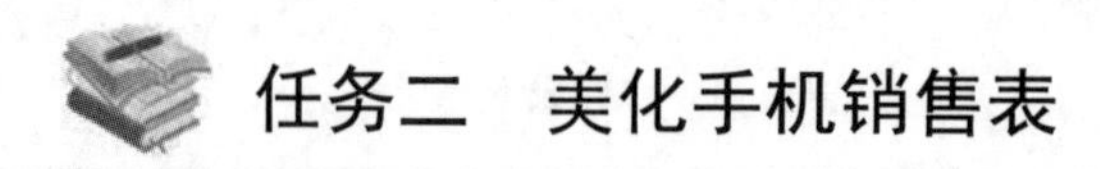

任务二 美化手机销售表

实践要求：

打开“Excel 素材/手机销售.xlsx”工作簿，执行以下设置：

1. 将标题“2016 年手机销售额”合并居中，并设置行高 20 mm，列宽 12 mm。

2. 标题字体为黑体，加粗，字号为 20 磅，颜色为蓝色；其余字体为隶书，字号为 14 磅。

3. 设置表格第 1 列的底纹颜色为“浅绿色”并给表格添加边框。要求设置“外边框”为“粗实线”，设置“内边框”为“细实线”。

美化效果如样表 6 所示。

样表 6

手机销售.xlsx

品牌	第一季度	第二季度	第三季度	第四季度
华为	14290	6970	11670	23650
中兴	11880	6840	9790	19890
联想	10245	5835	8856	7535
金立	12700	6290	11000	9600

实践步骤：

1. 设置标题格式。

（1） 选择单元格区域 A1:E1，单击“开始”选项卡的“对齐方式”组中的“合并后居中”按钮。

（2） 选择标题行，单击“开始”选项卡的“单元格”组中的“格式”按钮。从弹出的菜单中选择“行高”命令，打开“行高”对话框，输入行高值“20”，单击“确定”按钮。

（3） 选择标题行，单击“开始”选项卡的“单元格”组中的“格式”按钮。从弹出的菜单中选择“列宽”命令，打开“列宽”对话框，输入列宽值“12”，单击“确定”按钮。

2. 设置字体。

（1） 选择标题文字，在“开始”选项卡的“字体”工具组中的“字体”下拉列表框中选择“黑体”，在“字号”下拉列表框中选择“20”磅。单击“加粗”按钮，单击“字体颜色”按钮旁边的下拉按钮，从弹出的面板中选择“蓝色”，单击“确定”按钮。

（2） 选择单元格区域 A2:E6，在“开始”选项卡的“字体”工具组中的“字体”下拉列表框中选择“隶书”，在“字号”下拉列表框中选择“14”磅，单击“确定”按钮。

3. 设置底纹和边框。

（1） 用鼠标右键单击第 1 列标签，从弹出的快捷菜单中选择“设置单元格格式”命令，打开“设置单元格格式”对话框。切换到“填充”选项卡，选择浅绿色。

（2） 切换到“边框”选项卡，在“样式”列表框中选择粗实线。单击“外边框”按钮，在“样式”列表框中选择细实线，单击“内部”按钮。

任务三　美化成绩表

实践要求：

打开“Excel 素材/考试成绩统计表”，按要求进行设置，美化效果如样表 7 所示。

样表 7

	A	B	C	D	E	F	G	H
1	考试成绩统计表							
2	学号	姓名	成绩1	成绩2	成绩3	成绩4	总成绩	平均成绩
3	20020601	张成祥	97	94	93	93	377	$94.25
4	20020602	唐来云	80	73	69	87	309	$77.25
5	20020603	张雷	85	71	67	77	300	$75.00
6	20020604	韩文岐	88	81	73	81	323	$80.75
7	20020605	郑俊霞	89	62	77	85	313	$78.25
8	20020606	马云燕	91	68	76	82	317	$79.25
9	20020607	王晓燕	86	79	80	93	338	$84.50
10	20020608	贾莉莉	93	73	78	88	332	$83.00
11	20020609	李广林	94	84	60	86	324	$81.00
12	20020610	马丽萍	55	59	98	76	288	$72.00
13	20020611	高云河	74	77	84	77	312	$78.00
14	20020612	王卓然	88	74	77	78	317	$79.25

1. 合并 A1:H1，设置行高为 60 mm；按样文插入艺术字“考试成绩统计表”，艺术字为隶书，字号 28 磅，倒三角形。

2. 设置 2～14 行的行高为 18 mm，A 列与 H 列的列宽为 10 mm；B 列的列宽为 mm 8，C 列至 G 列的列宽为 7 mm。

3. 设置单元格区域 A2:H14，数据对齐方式为“居中”。

4. 设置单元格区域 A2:H2，字体为“华文中宋”，字号为 12 磅；单元格区域 A3:H14，字体为“宋体”，字号为 12 磅。

5. 将标题单元格设置为“浅绿”色底纹。

6. 设置单元格区域 H3:H14，数字格式为$货币符号。

7. 为单元格区域 C3:F14 设置条件格式，将小于 60 分的成绩显示为红色，大于 90 分的成绩显示为蓝色。

8. 按样表设置表格框线。

实践步骤：

1. 设置表格标题。

（1） 选择单元格区域 A1:H1，单击“开始”选项卡的“对齐方式”组中的“合并后居中”按钮。

（2） 用鼠标右键单击标题行标签，从弹出的快捷菜单中选择“行高”命令，打开“行高”对话框。输入行高值 60，单击“确定”按钮。

（3） 单击“插入”选项卡的“文本”组中的“艺术字”按钮，打开“艺术字库”对话框。选择一种艺术字样式，输入表格标题文字“考试成绩统计表”，单击“确定”按钮。

（4） 选择艺术字标题，在“开始”选项卡的“字体”组中的“字体”下拉列表框中选择“隶书”，在“字号”下拉列表框中选择“28”磅。

（5） 选择艺术字标题，单击“格式”选项卡的“艺术字样式”组中的“文本效果”按钮，从弹出的菜单中选择“倒三角”，如图 2-13 所示。

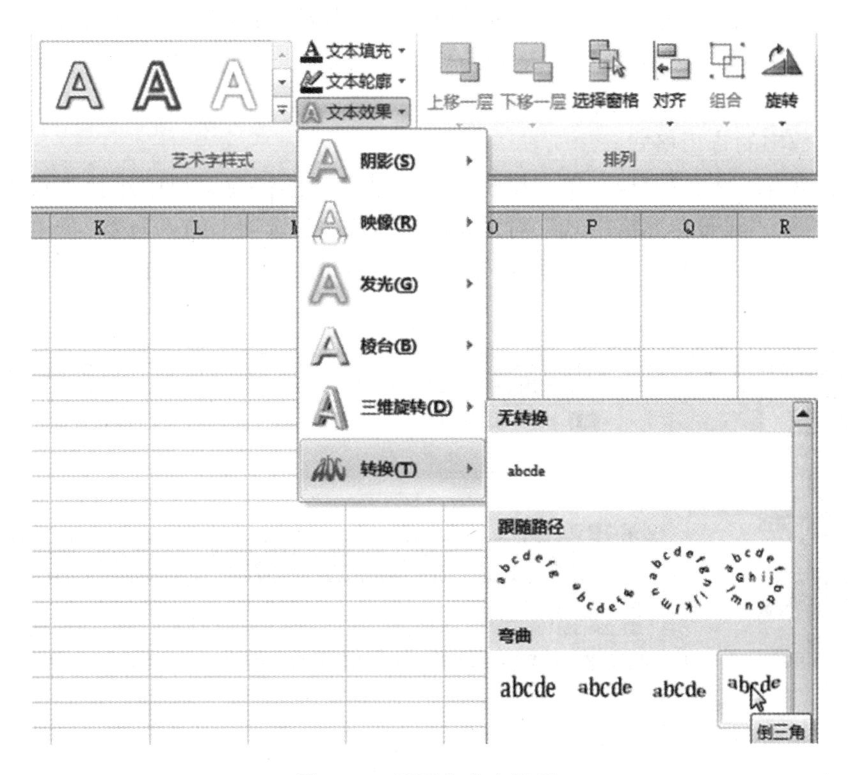

图 2-13　设置艺术字效果

（6） 将设置好的艺术字标题拖动到标题单元格中的合适位置。

2. 设置行高和列宽。

（1） 在第 2～14 行的行标签上拖动鼠标将其选中，用鼠标右键单击行标签，打开“行高”对话框。输入行高值 18，单击“确定”按钮。

（2） 按住“Ctrl”键，分别单击 A 列和 H 列的列标签将其选中，用鼠标右键单击列标签。打开“列宽”对话框，输入列宽值 10，单击“确定”按钮。

（3） 用鼠标右键单击 B 列标签，打开“列宽”对话框，输入列宽值 8，单击“确定”按钮。

（4） 在 C 列至 G 列的列标签上拖动鼠标将其选中，用鼠标右键单击列标签，打开“列宽”对话框，输入列宽值 7，单击“确定”按钮。

3. 设置对齐。

选择单元格区域 A2:H14，单击“开始”选项卡的“对齐方式”组中的“居中”按钮，设置单元格数据居中对齐。

4. 设置文字格式。

（1） 选择单元格区域 A2:H2，在“开始”选项卡的“字体”组中的“字体”下拉列表框中选择“华文中宋”，在“字号”下拉列表框中选择“12”磅，单击“确定”按钮。

（2） 选择单元格区域 A3:H14，在“开始”选项卡的“字体”组中的“字体”下拉列表框中选择“宋体”，在“字号”下拉列表框中选择“12”磅，单击“确定”按钮。

5. 设置标题单元格的底纹。

在标题单元格中单击鼠标右键，从弹出的快捷菜单中选择“设置单元格格式”命令，打开“设置单元格格式”对话框。切换到“填充”选项卡，选择“浅绿”，单击“确定”按钮。

6. 设置数字的货币格式。

选择单元格区域 H3:H14，单击鼠标右键，从弹出的快捷菜单中选择“设置单元格格式”命令，打开“设置单元格格式”对话框。在“数字”选项卡的“分类”下拉列表框中选择“货币”，然后在“货币符号”下拉列表框中选择“$”，如图 2-14 所示，单击“确定”按钮。

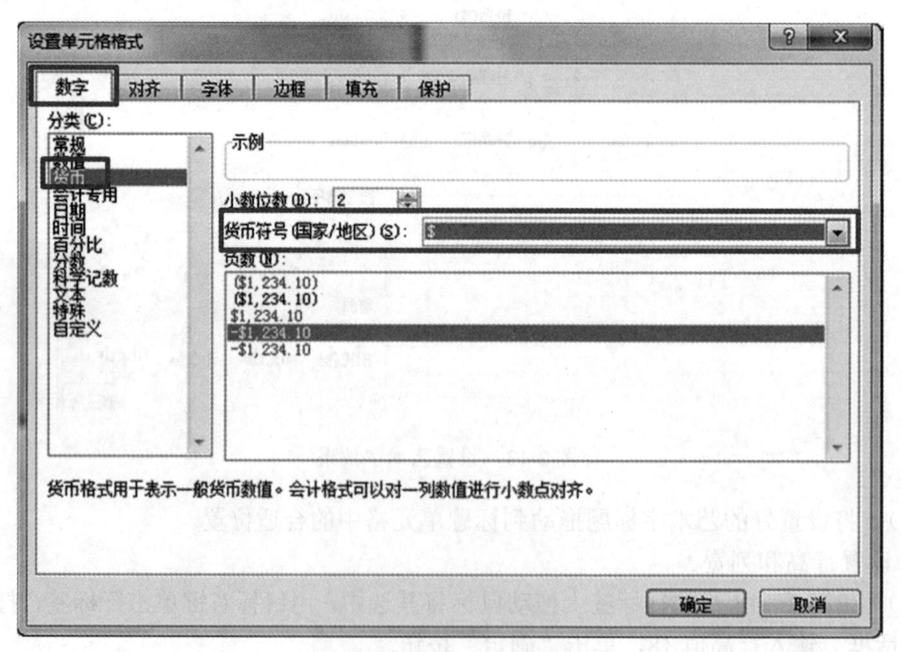

图 2-14 设置货币格式

7. 为单元格区域 C3:F14 设置条件格式。

（1） 选择 C3:F14 单元格区域，单击“开始”选项卡的“样式”组中的“条件格式”按钮。从弹出的菜单中选择“突出显示单元格规则”|“小于”命令，打开“小于”对话框。在“为小于以下值的单元格设置格式”框中输入“60”，在“设置为”下拉列表框中选择“红色文本”，如图 2-15 所示，单击“确定”按钮。

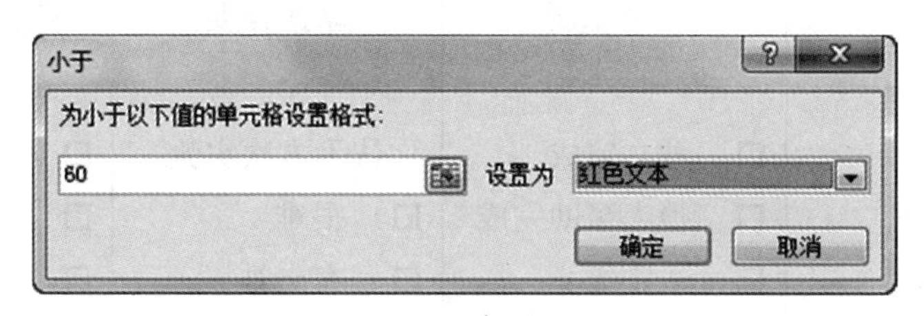

图 2-15　设置“小于”条件格式

（2） 选择 C3:F14 单元格区域，单击“开始”选项卡的“样式”组中的“条件格式”按钮。从弹出的菜单中选择“突出显示单元格规则”|“大于”命令，打开“大于”对话框。在“为大于以下值的单元格设置格式”框中输入“90”，在“设置为”下拉列表框中选择“自定义格式”。打开“设置单元格格式”对话框的“字体”选项卡，在“颜色”下拉面板中选择“蓝色”，单击“确定”按钮。

8. 设置表格框线。

选择单元格区域 A2:H14，单击“开始”选项卡的“单元格”组中的“格式”按钮。从弹出的菜单中选择“设置单元格格式”命令，打开“设置单元格格式”对话框。切换到“边框”选项卡，在“样式”列表框中选择粗实线，单击“外边框”按钮。在“样式”列表框中选择细实线，单击“内部”按钮。

9. 自行练习工作表操作（工作表标签的移动、复制、删除）。

实验效果评价：

实验内容	完成情况	掌握程度	是否掌握如下操作
1. 设置文本格式 2. 设置单元格格式 3. 调整行高和列宽 4. 使用艺术字 5. 设置数字格式和条件格式	□ 独立完成 □ 他人帮助完成 □ 未完成	你认为本次实验： □ 很难 □ 有点难 □ 较容易	□ 设置文本格式 □ 设置单元格格式 □ 调整行高和列宽 □ 使用艺术字 □ 设置数字格式和条件格式

本次上机成绩______________

实践四　计算数据

扫一扫微课视频
任务一

扫一扫微课视频
任务二

扫一扫微课视频
任务三

实践目的：

- ◆ 掌握常见算术运算符的表示。
- ◆ 熟练掌握公式的编辑，并利用公式进行计算。
- ◆ 掌握用函数法求和、求平均值的简单运算。

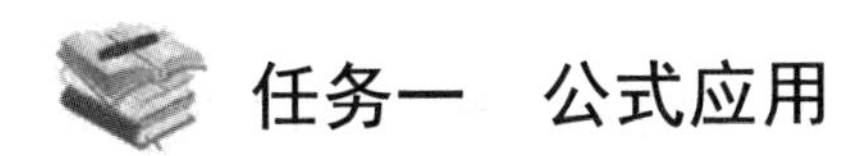

任务一　公式应用

实践要求：

打开“Excel 素材\公式计算.xlsx”工作簿，执行以下操作。

1. 使用公式计算“成绩表”的总分和平均分。

2. 使用公式计算“工资表”的应发工资和实发工资。（注：应发工资=基本工资+奖金+津贴，实发工资=应发工资-水电费-物业费。）

3. 使用公式计算“销售清单”的“小计”金额。

4. 使用公式计算“销售利润”表的利润值。

实践步骤：

1. 计算“成绩表”的总分和平均分。

（1） 打开“公式计算.xlsx”工作簿，在“高二成绩表”工作表中单击 G3 单元格（“总分”单元格下方的单元格），输入公式“=B3+C3+D3+E3+F3”，如图 2-16 所示。（也可通过选择数据单元格将其添加到公式中，按“Enter”键得出结果。）

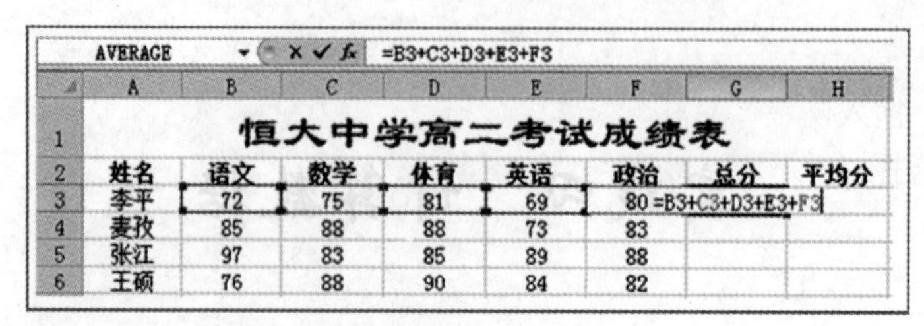

AVERAGE =B3+C3+D3+E3+F3

	A	B	C	D	E	F	G	H
1	恒大中学高二考试成绩表							
2	姓名	语文	数学	体育	英语	政治	总分	平均分
3	李平	72	75	81	69	80	=B3+C3+D3+E3+F3	
4	麦孜	85	88	88	73	83		
5	张江	97	83	85	89	88		
6	王硕	76	88	90	84	82		

图 2-16　输入公式

（2） 再次单击 G3 单元格，将鼠标指针放在单元格右下角的填充柄上，向下拖动复制公式并得出结果。

（3） 单击 H3 单元格（“平均分”单元格下方的单元格），输入公式“=G3/5”，按下“Enter”键得出结果（“/”表示除法符号）。

（4） 再次单击 H3 单元格，向下拖动单元格右下角的填充柄，复制公式并得出结果。

2. 计算“工资表”的应发工资和实发工资。

（1） 在“公式计算.xlsx”工作簿中单击左下角的“工资表”标签，切换到相应工作表。

（2） 在 E3 单元格中输入公式“=B3+C3+D3”，按下“Enter”键得出结果。

（3） 再次单击 E3 单元格，向下拖动单元格右下角的填充柄，复制公式并得出结果。

（4） 在 H3 单元格中输入公式“=E3-F3-G3”，按下“Enter”键得出结果。

（5） 再次单击 H3 单元格，向下拖动单元格右下角的填充柄，复制公式并得出结果。

3. 计算“销售清单”的“小计”金额。

（1） 切换到“销售清单”工作表，单击 H3 单元格。输入公式“=F3*G3”，按下“Enter”键得出结果（“*”为乘法符号）。

（2） 再次单击 H3 单元格，向下拖动单元格右下角的填充柄，复制公式并得出结果。

4. 计算“销售利润”表的利润值。

（1） 切换到“销售清单”工作表，单击 G2 单元格。输入公式“=E2-D2-F2”，按下“Enter”键得出结果。

（2） 再次单击 G2 单元格，向下拖动单元格右下角的填充柄，复制公式并得出结果。

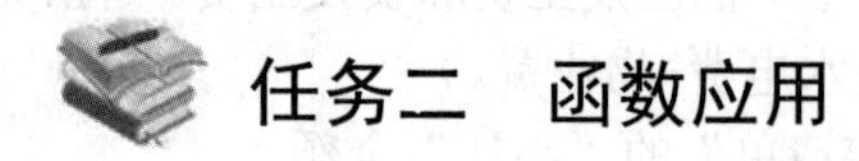

任务二　函数应用

实践要求：

打开“Excel 素材\函数计算.xlsx”素材，执行以下操作：

（1） 用函数计算“成绩表”的总分和平均分。

（2） 用函数计算“工资表”的应发工资和实发工资。

实践步骤：

1. 计算“成绩表”的总分和平均分。

（1）打开“函数计算.xlsx”工作簿，在“高二成绩表”工作表中单击 G3 单元格。单击编辑栏中的“插入函数”按钮，打开“插入函数”对话框，如图 2-17 所示。在“选择函数”列表框中选择“SUM”。

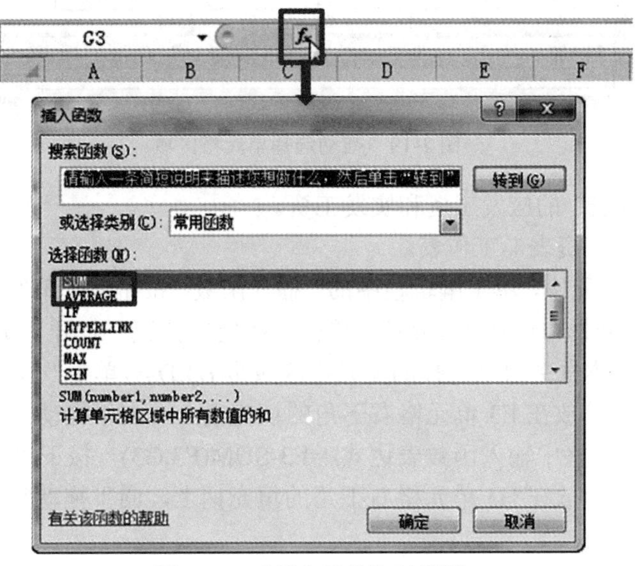

图 2-17　“插入函数”对话框

（2）单击“确定”按钮，打开“函数参数”对话框。确认“Number1”文本框中自动选择的单元格区域是 B3:F3，如图 2-18 所示，单击“确定”按钮完成计算。

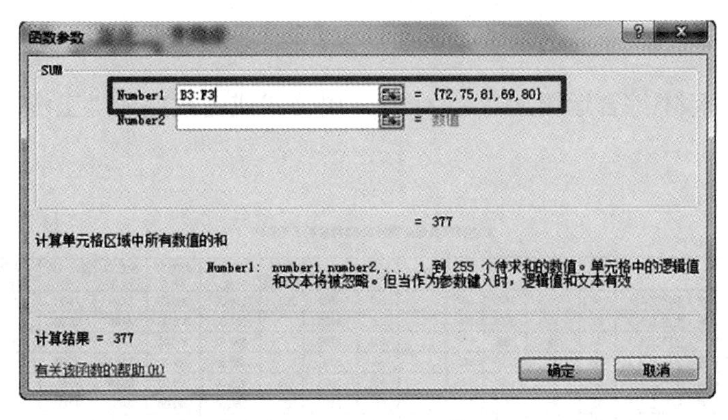

图 2-18　插入函数

（3）将鼠标指针放在 G3 单元格右下角的填充柄上，向下拖动复制函数并得出结果。

（4）单击 H3 单元格，单击编辑栏中的“插入函数”按钮，打开“插入函数”对话框。在“选择函数”列表框中选择“AVERAGE”，单击“确定”按钮，打开“函数参数”对话框。单击“Number1”文本框右侧的折叠按钮，用鼠标拖动的方式选择要参与计算的 B3:F3 单元格区域，如图 2-19 所示。

（5）再次单击折叠按钮还原对话框，单击“确定”按钮完成计算。

（6）将鼠标指针放在 H3 单元格右下角的填充柄上，向下拖动复制函数并得出结果。

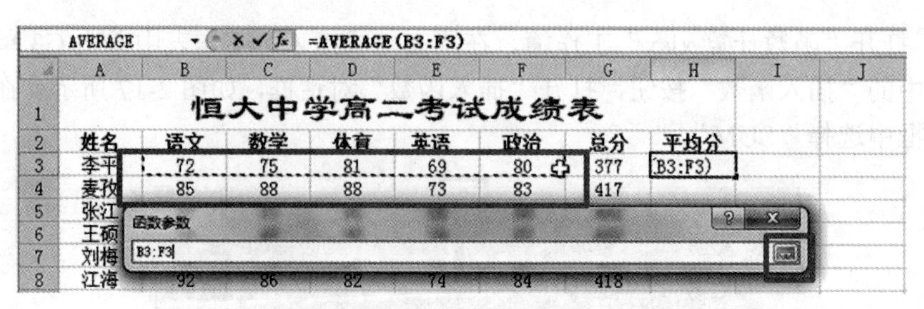

图 2-19　拖动选择单元格区域

2. 计算“工资表”的应发工资和实发工资。

（1）　切换到“工资表”工作表。

（2）　单击 E3 单元格，单击编辑栏中的“插入函数”按钮，打开“插入函数”对话框。在“选择函数”列表框中选择“SUM”，单击“确定”按钮，打开“函数参数”对话框。确认“Number1”文本框中自动选择的单元格区域是 B3:D3，单击“确定”按钮完成计算。

（3）　将鼠标指针放在 E3 单元格右下角的填充柄上，向下拖动复制函数并得出结果。

（4）　在 H3 单元格中输入函数表达式 =E3-SUM(F3,G3)，按下“Enter”键得出结果。

（5）　将鼠标指针放在 H3 单元格右下角的填充柄上，向下拖动复制函数并得出结果。

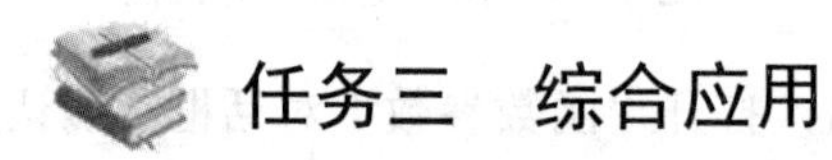

任务三　综合应用

实践要求：

打开“Excel 素材\综合运用.xls”工作簿，用公式或函数完成“工资表”的计算，结果如图 2-20 所示。

宏达有限责任公司2018年2月份职工工资表

单位：元

序号	姓名	部门	日工资	出勤天数	计时工资	计件工资	奖金	加班工资	应发工资	代扣水电费	住房公积金	养老保险金	失业保险金	医疗保险金	个人所得税	代扣金额合计	实发工资
1	韦吉	基本生产车间（生产工人）	80	30	2400	800		500	3700	200	555.00	296.00	37.00	74.00	0	1162.00	2538.00
2	张山看	基本生产车间（生产工人）	80	30	2400	600		400	3400		510.00	272.00	34.00	68.00	0	884.00	2516.00
3	罗昌好	基本生产车间（生产工人）	100	26	2600	650		500	3750		562.50	300.00	37.50	75.00	0	975.00	2775.00
4	苏娲	基本生产车间（生产工人）	70	30	2100	850		300	3250		487.50	260.00	32.50	65.00	0	845.00	2405.00
5	黄耀	基本生产车间（生产工人）	60	30	1800	800		200	2800	220	420.00	224.00	28.00	56.00	0	948.00	1852.00
6	曾斌	基本生产车间（生产工人）	50	28	1400	600		400	2400	100	360.00	192.00	24.00	48.00	0	724.00	1676.00
7	陀琼	基本生产车间（生产工人）	80	30	2400	650		500	3550		532.50	284.00	35.50	71.00	0	923.00	2627.00
8	干婷	基本生产车间（生产工人）	80	27	2160	850		300	3310		496.50	264.80	33.10	66.20	0	860.60	2449.40
9	张昌	基本生产车间（生产工人）	100	30	3000	600		200	3800	120	570.00	304.00	38.00	76.00	0	1108.00	2692.00
10	韦春	基本生产车间（管理人员）	70	30	2100		2000	500	4600		690.00	368.00	46.00	92.00	0	1196.00	3404.00
11	覃庆	基本生产车间（管理人员）	60	30	1800		2000	500	4300		645.00	344.00	43.00	86.00	0	1118.00	3182.00
12	龙小	辅助生产车间	50	28	1400		2000	500	3900	140	585.00	312.00	39.00	78.00	0	1154.00	2746.00
13	农校福	辅助生产车间	50	30	1500		2000	500	4000		600.00	320.00	40.00	80.00	0	1040.00	2960.00
14	卢明好	销售部门	60	30	1800		2000	500	4300		645.00	344.00	43.00	86.00	0	1118.00	3182.00
15	陆忠人	销售部门	60	29	1740		2000	500	4240	150	636.00	339.20	42.40	84.80	0	1252.40	2987.60
16	罗丽	销售部门	75	30	2250		2000	400	4650	130	697.50	372.00	46.50	93.00	0	1339.00	3311.00
17	李少敏	行政管理部门	200	30	6000		5000	400	11400		1710.00	912.00	114.00	228.00	0	2964.00	8436.00
18	雷秋了	行政管理部门	80	29	2320		3000	400	5720		858.00	457.60	57.20	114.40	0	1487.20	4232.80
19	农平高	行政管理部门	80	30	2400		3000	400	5800		870.00	464.00	58.00	116.00	0	1508.00	4292.00
20	钟款芬	行政管理部门	70	30	2100		2000	400	4500		675.00	360.00	45.00	90.00	0	1170.00	3330.00
21	周丽飞	行政管理部门	70	30	2100		2000	400	4500		675.00	360.00	45.00	90.00	0	1170.00	3330.00
合计																	

图 2-20　工资表的计算结果

实践步骤：

1. 计算计时工资额（计时工资=日工资×出勤天数）。

（1） 单击 F5 单元格，输入“=D5*E5”，按下“Enter”键得出结果。

（2） 单击 F5 单元格，向下拖动选择框右下角的填充柄到 F25 单元格，复制公式并得出结果。

2. 计算应发工资额（应发工资=计时工资+计件工资+奖金+加班工资）。

（1） 单击 J5 单元格，单击“开始”选项卡的“编辑”组中的“自动求和”按钮。然后选择 F5:I5 单元格区域，得到求和函数“=SUM(F5:I5)”，按下“Enter”键得出结果。

（2） 再次单击 J5 单元格，向下拖动选择框右下角的填充柄到 J25 单元格，复制函数并得出结果。

3. 计算住房公积金（住房公积金=应发工资×15%）。

（1） 单击 L5 单元格，输入“=J5*15%”，按下“Enter”键得出结果。

（2） 再次单击 L5 单元格，向下拖动选择框右下角的填充柄到 L25 单元格，复制公式并得出结果。

4. 计算养老保险金（养老保险金=应发工资×8%）。

（1） 单击 M5 单元格，输入“=J5*8%”，按下“Enter”键得出结果。

（2） 单击 M5 单元格，向下拖动选择框右下角的填充柄到 M25 单元格，复制公式并得出结果。

5. 计算失业保险金（失业保险金=应发工资×1%）。

（1） 单击 N5 单元格，输入“=J5*1%”，按下“Enter”键得出结果。

（2） 单击 N5 单元格，向下拖动选择框右下角的填充柄到 N25 单元格，复制公式并得出结果。

6. 计算医疗保险金（医疗保险金=应发工资×2%）。

（1） 单击 O5 单元格，输入“=J5*2%”，按下“Enter”键得出结果。

（2） 再次单击 O5 单元格，向下拖动选择框右下角的填充柄到 O25 单元格，复制公式并得出结果。

7. 计算代扣金额（代扣金额合计=代扣水电费+住房公积金+养老保险金+失业保险金+医疗保险金+个人所得税）。

（1） 单击 Q5 单元格，单击“开始”选项卡的“编辑”组中的“自动求和”按钮。然后选择 K5:P5 单元格区域，得到求和函数“=SUM(K5:P5)”，按下“Enter”键得出结果。

（2） 再次单击 Q5 单元格，向下拖动选择框右下角的填充柄到 Q25 单元格，复制函数并得出结果。

8. 计算实发工资额（实发工资=应发工资-代扣金额合计）。

（1） 单击 R5 单元格，输入“=J5-Q5”，按下“Enter”键得出结果。

（2） 单击 R5 单元格，向下拖动选择框右下角的填充柄到 R25 单元格，复制公式并得出结果。

实验效果评价：

实验内容	完成情况	掌握程度	是否掌握如下操作
1. 公式计算 2. 函数计算	□ 独立完成 □ 他人帮助完成 □ 未完成	你认为本次实验： □ 很难 □ 有点难 □ 较容易	□ 公式计算 □ 函数计算

本次上机成绩________________

实践五　处理数据

扫一扫微课视频
任务一

扫一扫微课视频
任务二

实践目的：

- 了解 Excel 2010 的数据处理功能。
- 掌握数据列表的排序方法。
- 掌握数据列表的自动筛选方法。
- 掌握数据的分类汇总。

任务一　Excel 数据排序、筛选、分类汇总

实践要求：

打开工作簿“Excel 素材\tf7-1.xls”，按下列要求操作。

1. 公式（函数）应用：使用“Sheet1”工作表中的数据，统计“总分”并计算“各科平均分”。结果分别放在相应的单元格中，如样表 8 所示。

样表 8

	A	B	C	D	E	F	G	H
1	恒大中学高二考试成绩表							
2	姓名	班级	语文	数学	英语	政治	总分	
3	李平	高二（一）班	72	75	69	80	296	
4	麦孜	高二（二）班	85	88	73	83	329	
5	张江	高二（一）班	97	83	89	88	357	
6	王硕	高二（三）班	76	88	84	82	330	
7	刘梅	高二（三）班	72	75	69	63	279	
8	江海	高二（一）班	92	86	74	84	336	
9	李朝	高二（三）班	76	85	84	83	328	
10	许如润	高二（一）班	87	83	90	88	348	
11	张玲铃	高二（三）班	89	67	92	87	335	
12	赵丽娟	高二（二）班	76	67	78	97	318	
13	高峰	高二（二）班	92	87	74	84	337	
14	刘小丽	高二（三）班	76	67	90	95	328	
15	各科平均分		82.5	79.25	80.5	84.5		
16								

2. 数据排序：使用“Sheet2”工作表中的数据，以“总分”为主要关键字，“数学”为次要关键字，升序排序，结果如样表9所示。

样表9

	A	B	C	D	E	F	G	H
1	恒大中学高二考试成绩表							
2	姓名	班级	语文	数学	英语	政治	总分	
3	刘梅	高二（三）班	72	75	69	63	279	
4	李平	高二（一）班	72	75	69	80	296	
5	赵丽娟	高二（二）班	76	67	78	97	318	
6	刘小丽	高二（三）班	76	67	90	95	328	
7	李朝	高二（三）班	76	85	84	83	328	
8	麦孜	高二（二）班	85	88	73	83	329	
9	王硕	高二（三）班	76	88	84	82	330	
10	张玲铃	高二（三）班	89	67	92	87	335	
11	江海	高二（一）班	92	86	74	84	336	
12	高峰	高二（二）班	92	87	74	84	337	
13	许如润	高二（一）班	87	83	90	88	348	
14	张江	高二（一）班	97	83	89	88	357	

3. 数据筛选：使用“Sheet3”工作表中的数据，筛选出各科分数均大于等于80分的记录，结果如样表10所示。

样表10

	A	B	C	D	E	F	G
1	恒大中学高二考试成绩表						
2	姓名	班级	语文	数学	英语	政治	
5	张江	高二（一）班	97	83	89	88	
10	许如润	高二（一）班	87	83	90	88	
15							

4. 数据分类汇总：使用“Sheet5”工作表中的数据，以“班级”为分类字段将各科成绩进行“平均值”分类汇总，结果如样表11所示。

样表11

	A	B	C	D	E	F	G
1	恒大中学高二考试成绩表						
2	姓名	班级	语文	数学	英语	政治	
7		高二（一）班	87	81.75	80.5	85	
13		高二（三）班	77.8	76.4	83.8	82	
17		高二（二）班	84.33333	80.66667	75	88	
18		总计平均值	82.5	79.25	80.5	84.5	
19							

5. 综合运用：使用“Sheet7”工作表中的数据，执行以下操作。

（1） 计算、排序：先算总分和平均分，然后按总分降序排序。

（2） 插入空列、填充序列数：在平均分左侧插入一列空列，列标题为“名次”，按总分的高低填上顺序号。

（3） 设置条件格式：设置表格区域C3:M50不及格的用红色字显示，90分以上的用蓝色字显示。

实践步骤：

1. 公式（函数）应用。

（1） 在“Sheet1”工作表中选中 G3 单元格，单击编辑栏中的插入函数按钮，打开“插入函数”对话框。选择 SUM 函数，单击“确定”按钮。打开“函数参数”对话框，选择单元格区域 C3:F3，得到函数表达式“=SUM(C3:F3)”，单击“确定”按钮得出结果（也可以直接在 G3 单元格中输入公式“=C3+D3+E3+F3”求出结果）。

（2） 向下拖动 G3 单元格右下角的填充柄自动填充 G4～G14 单元格。

（3） 在 C15 单元格中单击，定位插入点。单击“开始”选项卡的“编辑”组中的“自动求和”按钮旁边的下拉按钮，从弹出的菜单中选择“平均值”命令，如图 2-21 所示。

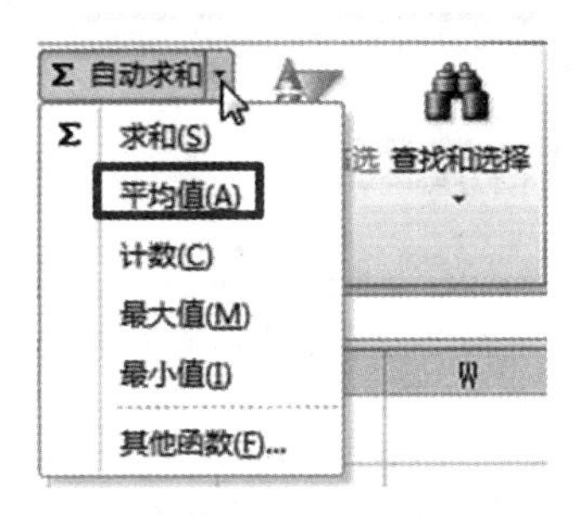

图 2-21　求平均值

（4） 选择单元格区域 C3:C14，按下“Enter”键得出结果。

（5） 向右拖动 C15 单元格右下角的填充柄自动填充 D15～F15 单元格。

2. 数据排序。

（1） 切换到“Sheet2”工作表，选择单元格区域 A2:G14。单击“数据”选项卡的“排序和筛选”组中的“排序”按钮，打开“排序”对话框。在“主要关键字”下拉列表框中选择“总分”，在“次序”下拉列表框中选择“升序”。

（2） 单击“添加条件”按钮。

（3） 在“次要关键字”下拉列表框中选择“数学”，在“次序”下拉列表框中选择“升序”，如图 2-22 所示。

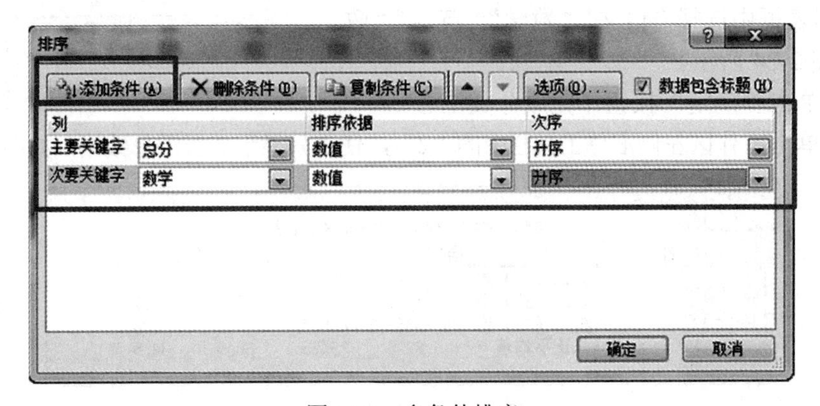

图 2-22　多条件排序

（4） 单击“确定”按钮完成排序。

3. 数据筛选。

（1） 切换到“Sheet3”工作表，选择单元格区域 A2:F14，单击“数据”选项卡的“排序和筛选”组中的“筛选”按钮。

（2） 单击显示在“语文”字段右侧的下拉按钮，从弹出的菜单中选择“数字筛选”|“大于或等于”命令，打开“自定义自动筛选方式”对话框。指定筛选条件为大于或等于 80 的数据，如图 2-23 所示。

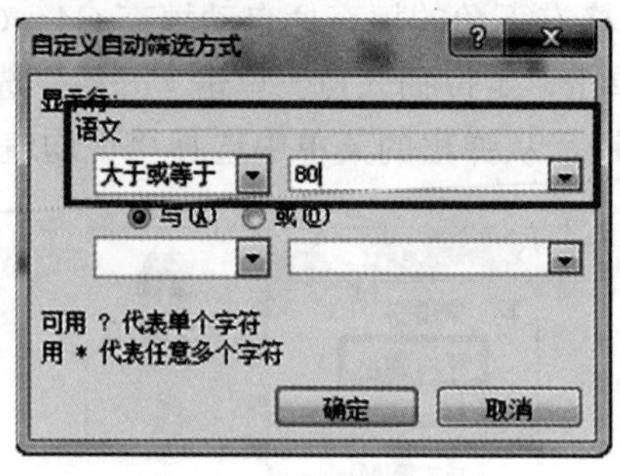

图 2-23 设置筛选条件

（3） 单击“确定”按钮完成语文成绩的筛选。

（4） 参照上一步操作筛选数学、英语和政治成绩大于等于 80 的数据。

4. 数据分类汇总。使用“Sheet5”工作表中的数据，以“班级”为分类字段，将各科成绩进行“平均值”分类汇总。

（1） 切换到“Sheet5”工作表，将光标定位于“班级”列中。单击“数据”选项卡的“排序和筛选”组中的“降序”按钮，使数据清单按班级降序排列。

（2） 单击“数据”选项卡的“分级显示”组中的“分类汇总”按钮，打开“分类汇总”对话框。在“分类字段”下拉列表框中选择“班级”，在“汇总方式”下拉列表框中选择“平均值”，在“选定汇总项”列表框中选择“语文”“数学”“英语”“政治”，如图 2-24 所示。

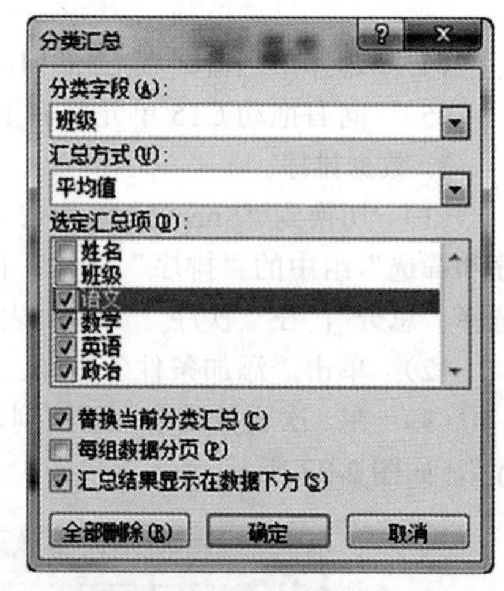

图 2-24 设置分类汇总选项

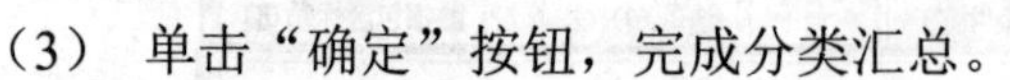

（3） 单击“确定”按钮，完成分类汇总。

（4） 单击工作区左侧汇总工具栏中的“2”，使之只显示 2 级汇总数据，如图 2-25 所示。

	A	B	C	D	E	F	G
1	恒大中学高二考试成绩表						
2	姓名	班级	语文	数学	英语	政治	
7		高二（一）班	87	81.75	80.5	85	
13		高二（三）班	77.8	76.4	83.8	82	
17		高二（二）班	84.33333	80.66667	75	88	
18		总计平均值	82.5	79.25	80.5	84.5	
19							

图 2-25 指定显示级别

5. 综合运用。

（1） 计算、排序。

- 计算总分：切换到“Sheet7”工作表，单击 N3 单元格，单击“开始”选项卡的“编辑”组中的“求和”按钮。选择单元格区域 C3:M3，得到求和函数=SUM(C3:M3)，按下“Enter”键得出结果，然后向下拖动 N3 单元格右下角的填充柄得到 N4:N50 的单元格数据。
- 计算平均分：单击 O3 单元格，单击“开始”选项卡的“编辑”组中的“自动求和”按钮旁边的下拉按钮，从弹出的菜单中选择“平均值”。选择单元格区域 C3:M3，得到求平均值函数=AVERAGE(C3:M3)，按下“Enter”键得出结果，然后向下拖动 O3 单元格右下角的填充柄得到 O4:O50 的单元格数据。
- 排序：选择单元格区域 A2:O50，单击“数据”选项卡的“排序和筛选”组中的“排序”按钮，打开“排序”对话框。在“主要关键字”下拉列表框中选择“总分”，在“次序”下拉列表框中选择“降序”，单击“确定”按钮。
- 插入空列、填充序列数：选择 O 列（平均分列），单击“开始”选项卡的“单元格”组中的“插入”按钮，插入一个空列。在 O2 单元格中输入列标题“名次”。在 O3 单元格中输入“1”，按下“Enter”键切换到 O4 单元格，输入“2”。选择 O3:O4 单元格区域，向下拖动其右下角的填充柄完成 O4:O50 单元格区域的序列填充。

（2） 设置条件格式。设置表格区域 C3:M50 不及格的用红色字显示、90 分以上的用蓝色字显示。

- 选择表格区域 C3:M50，单击“开始”|“样式”组中的“条件格式”按钮。从弹出的菜单中选择“突出显示单元格规则”|“小于”命令，打开“小于”对话框。在“为小于以下值的单元格设置格式”下拉列表框中输入“60”，在“设置为”下拉列表框中选择“红色文本”，如图 2-26 所示。单击“确定”按钮完成设置。

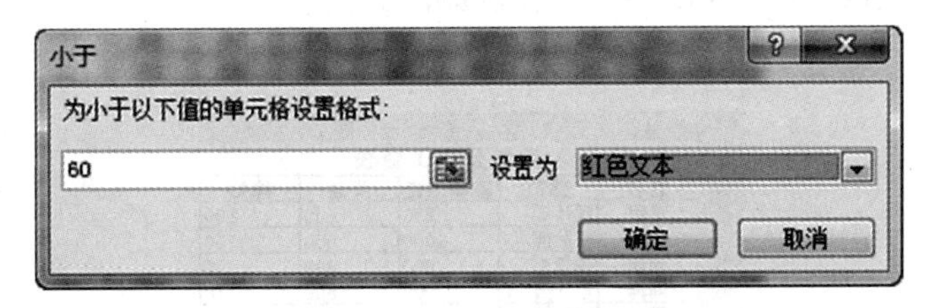

图 2-26　设置条件格式

- 再次单击“开始”选项卡的“样式”组中的“条件格式”按钮，从弹出的菜单中选择“突出显示单元格规则”|“大于”命令，打开“大于”对话框。在“为大于以下值的单元格设置格式”下拉列表框中输入“90”，在“设置为”下拉列表框中选择“自定义格式”，打开“设置单元格格式”对话框。切换到“字体”选项卡，在“颜色”下拉面板中选择蓝色，如图 2-27 所示。单击“确定”按钮完成设置。

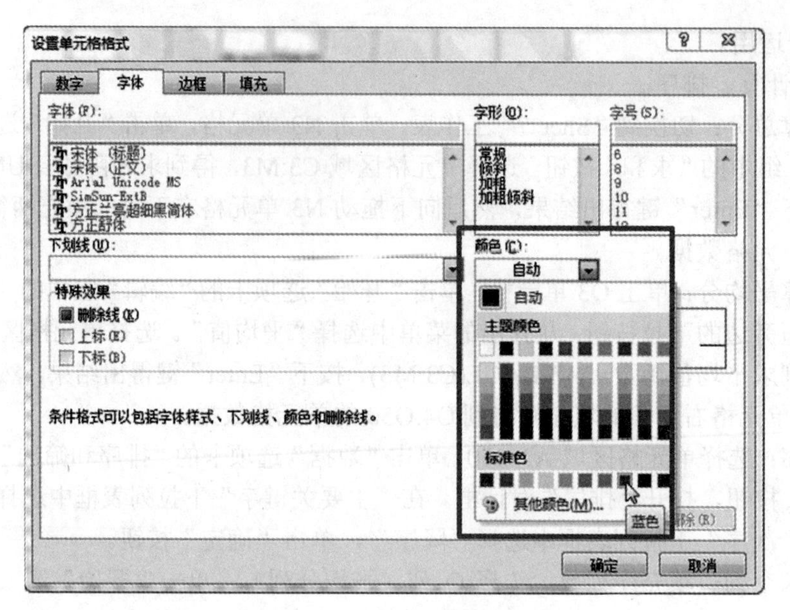

图 2-27　自定义数据颜色

任务二　数据列表的数据处理方式

实践要求：

1. 新建一个工作簿，在“Sheet1”工作表中输入样表 12 中的数据，将“Sheet1”工作表中的内容复制至两个新工作表中。将三个工作表名称分别更改为“排序”“筛选”和“分类汇总”，将“Sheet2”和“Sheet3”工作表删除。

样表 12

	A	B	C	D	E
1	糖果公司工资表				
2	姓名	部门	基本工资	奖金	津贴
3	王贺	设计部	850	600	100
4	张二	研发部	1000	550	150
5	尚珊	销售部	800	800	200
6	刘涛	设计部	900	600	110
7	高兴	研发部	1200	800	150
8	赵蕾	设计部	1100	600	100
9	孙峰	研发部	1300	500	150
10	王力	设计部	900	600	100
11	苗苗	研发部	1000	500	150
12	刘默	销售部	800	1000	200
13	赵丽	销售部	800	1100	200

2. 使用“排序”工作表中的数据，以“基本工资”为主要关键字，“奖金”为次要关键字降序排序。

3. 使用“筛选”工作表中的数据，筛选出“部门”为设计部并且“基本工资”大于等于 900 的记录。

4. 使用“分类汇总”工作表中的数据，以“部门”为分类字段，将“基本工资”进行“平均值”分类汇总。

实践步骤：

1. 工作表的管理。

（1） 启动 Excel 2010，在“Sheet1”工作表中按样表 12 完成数据的输入。

（2） 用鼠标右键单击工作表中的“Sheet1”标签，从弹出的快捷菜单中选择“移动或复制”命令，打开“移动或复制工作表”对话框。在“下列选定工作表之前”列表框中选择“Sheet2”，并选中“建立副本”复选框，如图 2-28 所示。

图 2-28　选中“建立副本”复选框

（3） 单击“确定”按钮，将增加一个复制的工作表。它与原来的工作表中的内容相同，默认名称为“Sheet1（2）”，如图 2-29 所示。

11	苗苗	研发部	1000	500	150
12	刘默	销售部	800	1000	200
13	赵丽	销售部	800	1100	200

Sheet1　Sheet1 (2)　Sheet2　Sheet3

图 2-29　复制后的工作表

（4） 用同样的方法创建另一个工作表，创建完成后，其默认名称为“Sheet1（3）”。

（5） 用鼠标右键单击工作表“Sheet1”标签，从弹出的菜单中选择“重命名”命令，然后在标签处输入新的名称“排序”。

（6） 用同样的方式修改“Sheet1（2）”和“Sheet1（3）”工作表的名称。

（7） 用鼠标右键单击工作表“Sheet2”标签，从弹出的快捷菜单中选择“删除”命令，删除该工作表。用同样的方法删除工作表“Sheet3”。

2. 数据排序。

（1） 切换到“排序”工作表，将鼠标指针定位在数据区域任意单元格中。单击“数据”选项卡的“排序和筛选”组中的“排序”按钮，弹出“排序”对话框。在“主要关键字”下拉列表框中选择“基本工资”命令，在“次序”下拉列表框中选择“降序”命令。

（2） 单击“添加条件”按钮，增加“次要关键字”设置选项。在“次要关键字”下拉列表框中选择“奖金”命令，在“次序”下拉列表框中选择“降序”命令。

（3） 单击“确定”按钮，即可将员工按基本工资降序方式进行排序，基本工资相同则按奖金进行降序排序。

3. 数据筛选。

（1） 切换到“筛选”工作表，将鼠标指针定位在第 2 行任一单元格中。单击“数据”选项卡的“排序和筛选”组中的“筛选”按钮，这时第 2 行各单元格右侧将显示下拉按钮。

（2） 单击“部门”单元格的下拉按钮，从弹出的下拉菜单中选中“设计部”复选框，如图 2-30 所示。单击“确定”按钮，即可筛选出部门为“设计部”的数据。

（3） 单击“基本工资”单元格的下拉按钮，从弹出的下拉菜单中选择“数字筛选”|“大于或等于”命令，打开“自定义自动筛选方式”对话框。设置“基本工资”为“大于或等于 900”，如图 2-31 所示。单击“确定”按钮，即可筛选出基本工资大于或等于 900 的记录。

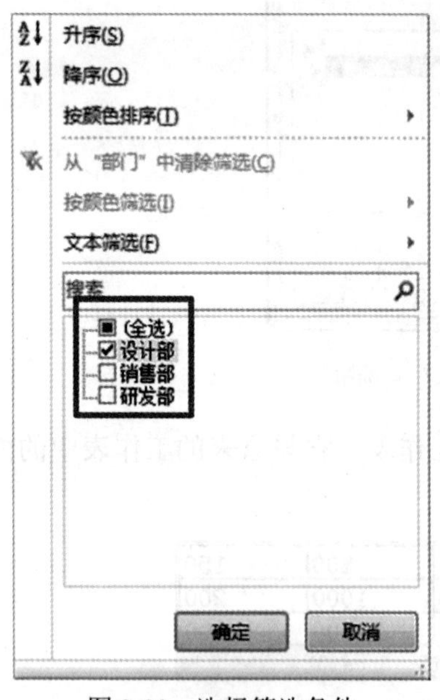

图 2-30 选择筛选条件

图 2-31 自定义筛选条件

（4） 分别单击“部门”和“基本工资”单元格中的下拉按钮，从弹出的下拉列表中选择“全选”复选框，则会显示所有数据。

4. 分类汇总。

（1） 切换到“分类汇总”工作表，单击“数据”选项卡的“排序和筛选”组中的“排序”按钮，打开“排序”对话框。在“主要关键字”下拉列表框中选择“部门”命令，在“次序”下拉列表框中选择“升序”命令。单击“确定”按钮，将数据按部门的升序方式进行排序。

（2） 单击功能区中的“数据”选项卡的“分级显示”组中的“分类汇总”按钮，弹出“分类汇总”对话框。在“分类字段”下拉列表框中选择“部门”，在“汇总方式”下拉列表框中选择“平均值”命令，在“选定汇总项”下拉列表框中选择“基本工资”。选中“替换当前分类汇总”与“汇总结果显示在数据下方”两项，单击“确定”按钮。

（3） 单击工作区左侧汇总工具栏中的“2”，使之只显示 2 级汇总数据。

实验效果评价：

实验内容	完成情况	掌握程度	是否掌握如下操作
□ 掌握数据列表的排序方法 □ 掌握数据列表的自动筛选方法 □ 掌握数据的分类汇总	□ 独立完成 □ 他人帮助完成 □ 未完成	你认为本次实验 □ 很难 □ 有点难 □ 较容易	□ 数据列表的排序方法 □ 数据列表的自动筛选方法 □ 数据的分类汇总

本次上机成绩______________

实践六　制作数据图表

扫一扫微课视频
任务一

扫一扫微课视频
任务二

扫一扫微课视频
任务三

扫一扫微课视频
任务四

实践目的：

◆ 掌握图表的制作方法。
◆ 掌握编辑和修改图表的方法。
◆ 掌握数据透视表的创建与应用。

任务一　创建销售利润表的簇状柱形图

实践要求：

1. 打开"Excel 素材/销售利润表.xls"工作簿，根据工作表"Sheet1"的数据创建如图表 1 所示的图表。

图表 1

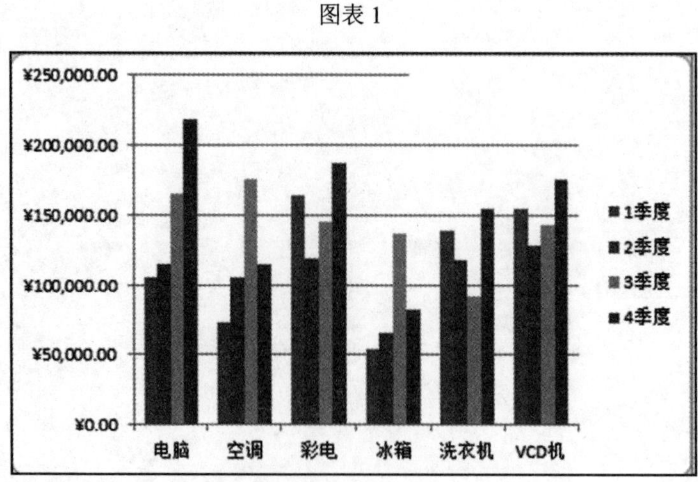

2. 为制作的图表设置如下格式。

（1） 把分类轴的文字字号设置为 14 磅、-45°倾斜、蓝色、隶书字体。

（2） 按样图设置系列条的颜色和图案。

（3） 按样图设置图表区的颜色和图案。

（4） 按样图设置绘图区的颜色和图案。

图表 2 如下所示。

图表 2

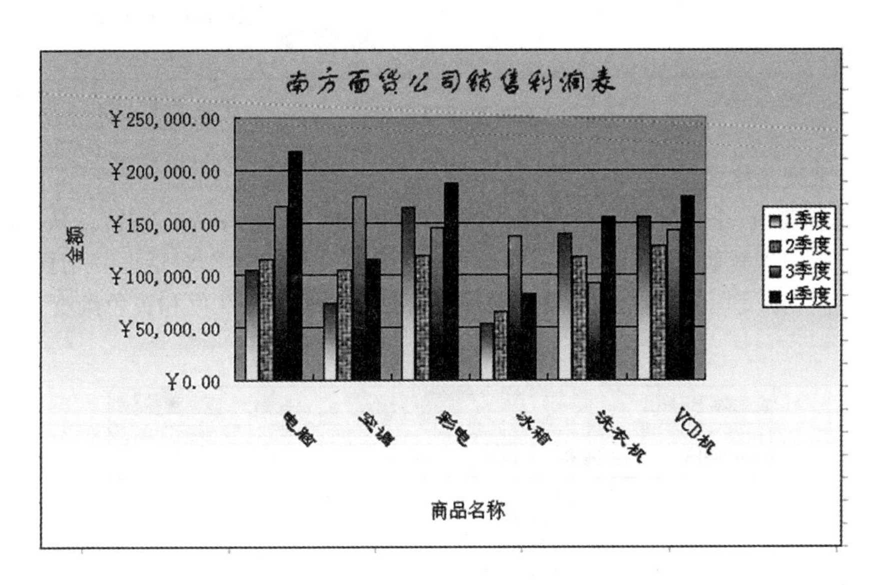

实践步骤：

（一）制作图表

选中作图的数据区域 B2:F8，单击“插入”选项卡的“图表”组中的“柱形图”按钮，从弹出的菜单中选择“簇状柱形图”命令。

（二）格式设置

1. 设置分类轴文字格式。

（1） 单击水平（类别）轴，使用“开始”选项卡的“字体”组中的“字体”“字号”“字体颜色”工具将分类轴文字设置成 14 磅蓝色隶书。

（2） 单击“开始”选项卡的“对齐方式”组中的“方向”按钮，从弹出的菜单中选择“顺时针角度”命令，如图 2-32 所示。

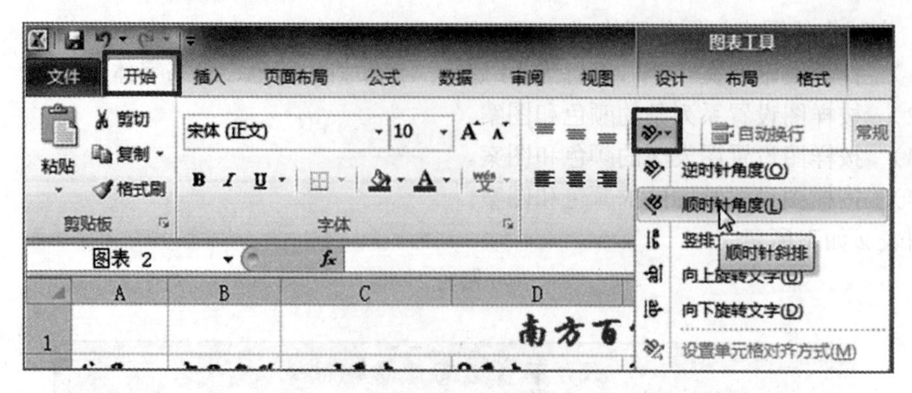

图 2-32　设置对齐

2. 设置系列条格式。

（1） 选择第 1 个系列条，单击“格式”选项卡的“形状填充”按钮。从弹出的菜单中选择“渐变”|“其他渐变”命令，打开“设置数据系列格式”对话框。切换到“填充”选项卡，选中“渐变填充”单选按钮。然后将渐变光圈设置为红色和黄色渐变，如图 2-33 所示。

图 2-33　设置渐变填充

（2） 选择第 2 个系列条，单击“格式”选项卡的“形状填充”按钮。从弹出的菜单中选择“纹理”|“编织物”命令，设置纹理填充，如图 2-34 所示。

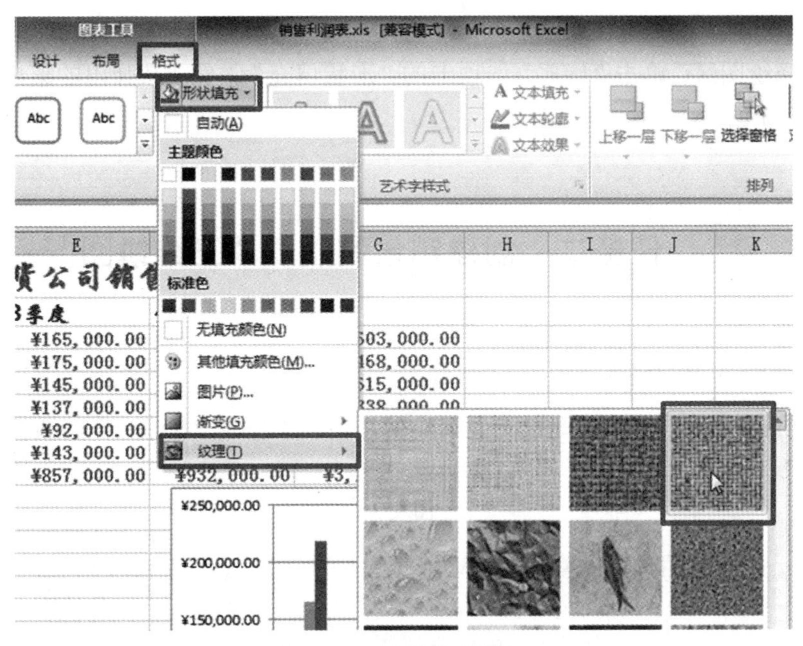

图 2-34　设置纹理填充

（3） 选择第 3 个系列条，单击“格式”选项卡的“形状填充”按钮。在弹出的菜单中选择“渐变”|“其他渐变”命令，打开“设置数据系列格式”对话框。切换到“填充”选项卡，选择“渐变填充”单选按钮。在渐变光圈的“颜色”下拉面板中选择“其他颜色”命令，将渐变光圈设置为粉红色和蓝紫色渐变。

（4） 选择第 4 个系列条，单击“格式”选项卡的“形状填充”按钮，在弹出的菜单中选择“纹理”|“绿色大理石”命令。

3. 设置图表区格式。

（1） 选择图表区，单击“格式”选项卡的“形状填充”按钮。从弹出的菜单中选择“渐变”|“其他渐变”命令，打开“设置绘图区格式”对话框。切换到“填充”选项卡，将填充颜色设置为橙色和白色渐变。

（2） 单击“布局”选项卡的“标签”组中的“图表标题”按钮，从弹出的菜单中选择“图表上方”命令。然后在标题占位区中输入“南方百货公司销售利润表”，并使用“开始”选项卡的“字体”组中的“字体”和“字体颜色”工具将其格式设置为蓝色华文行楷。

（3） 单击“布局”选项卡的“标签”组中的“坐标轴标题”按钮，从弹出的菜单中选择“主要纵坐标轴标题”|“竖排标题”命令。在纵坐标轴标题占位符中输入“全额”，并使用“开始”选项卡的“字体”组中的“字体颜色”工具将其设置为蓝色。单击“开始”选项卡的“对齐方式”组中的“旋转”按钮，从弹出的菜单中选择“向上旋转文字”命令。

（4） 单击“布局”选项卡的“标签”组中的“坐标轴标题”按钮，从弹出的菜单中选择“主要横坐标轴标题”|“坐标轴下方标题”命令。在横坐标轴标题占位符中输入“商品名称”，并使用“开始”选项卡的“字体”组中的“字体颜色”工具将其设置为蓝色。

4. 设置绘图区格式。

单击选择绘图区，单击“格式”选项卡的“形状填充”按钮，从弹出的菜单中选择“白色，背景 1，深色 25%”。

任务二 创建销售利润表“三维饼图”

实践要求：

打开“Excel 素材/销售利润表.xls”工作簿，根据工作表“Sheet1”的数据创建如图表 3 所示的图表。

图表 3

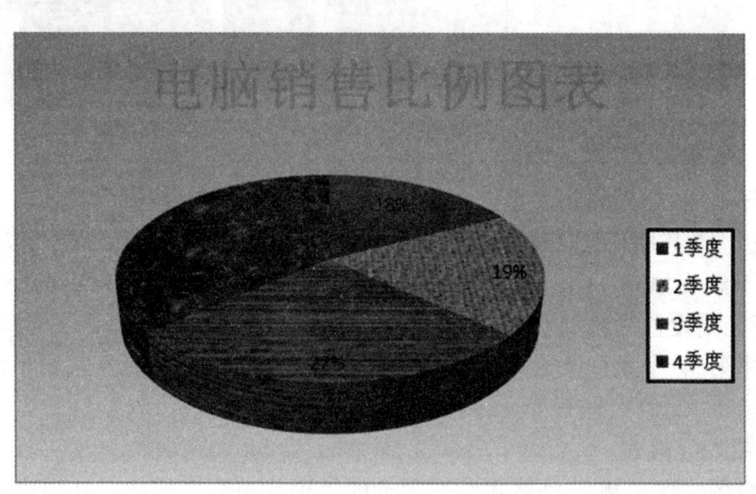

实践步骤：

1. 创建图表。

选中绘图的数据区域 B2:F3，单击“插入”选项卡的“图表”组中的“饼图”按钮，从弹出的菜单中选择“三维饼图”。

2. 设置系列条格式。

分别选择 4 个系列条，单击“格式”选项卡的“形状填充”按钮。从弹出的菜单中选择“纹理”或“渐变”|“其他渐变”命令，为系列条设置纹理填充或者渐变填充。

3. 设置图表区格式。

（1） 选择图表区，单击“格式”选项卡的“形状填充”按钮。从弹出的菜单中选择“渐变”|“其他渐变”命令，打开“设置绘图区格式”对话框。切换到“填充”选项卡，将填充颜色设置成蓝色和白色渐变。

（2） 单击“布局”选项卡的“标签”组中的“图表标题”按钮，从弹出的菜单中选择“图表上方”命令。然后在标题占位区中输入“电脑销售比例图表”，并使用“字体”

组中的“字体颜色”工具将其格式设置为淡紫色。

4. 设置图例格式。

选择图例，打开“格式”选项卡的“形状样式”下拉列表。选择“彩色轮廓-黑色，深色 1”，设置图例格式，如图 2-35 所示。

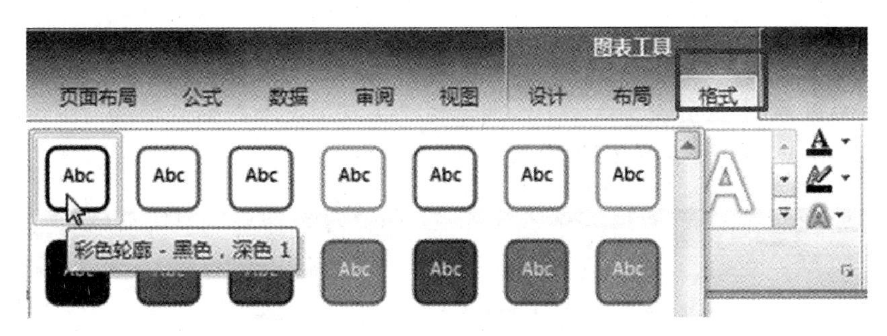

图 2-35　设置图例格式

5. 设置绘图区格式。

选择绘图区，单击“布局”选项卡的“标签”组中的“数据标签”按钮。从弹出的菜单中选择“其他数据标签选项”命令，打开“设置数据标签格式”对话框。在“标签选项”选项卡中清除“值”复选框，选中“百分比”复选框，设置数据标签格式如图 2-36 所示。

图 2-36　设置数据标签格式

任务三 创建和修改图表

实践要求：

打开“Excel 素材\工资表.xlsx”工作簿，将“实发工资”数据列转换为图表，并更改图表样式和标题格式，结果如图 2-37 所示。

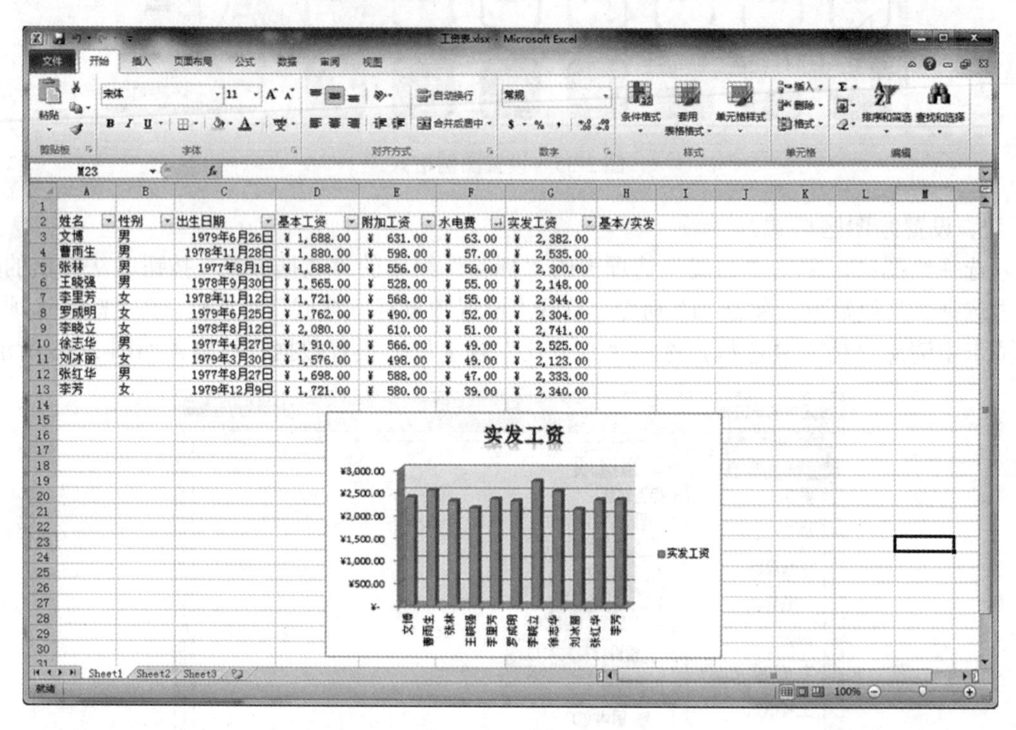

姓名	性别	出生日期	基本工资	附加工资	水电费	实发工资	基本/实发
文博	男	1979年6月26日	¥ 1,688.00	¥ 631.00	¥ 63.00	¥ 2,382.00	
曹雨生	男	1978年11月28日	¥ 1,880.00	¥ 598.00	¥ 57.00	¥ 2,535.00	
张林	男	1977年8月1日	¥ 1,688.00	¥ 556.00	¥ 56.00	¥ 2,300.00	
王晓强	男	1978年9月30日	¥ 1,565.00	¥ 528.00	¥ 55.00	¥ 2,148.00	
李里芳	女	1978年11月12日	¥ 1,721.00	¥ 568.00	¥ 55.00	¥ 2,344.00	
罗成明	女	1979年6月25日	¥ 1,762.00	¥ 490.00	¥ 52.00	¥ 2,304.00	
李晓立	女	1978年8月12日	¥ 2,080.00	¥ 610.00	¥ 51.00	¥ 2,741.00	
徐志华	男	1977年4月27日	¥ 1,910.00	¥ 566.00	¥ 49.00	¥ 2,525.00	
刘冰丽	女	1979年3月30日	¥ 1,576.00	¥ 498.00	¥ 49.00	¥ 2,123.00	
张红华	男	1977年8月27日	¥ 1,698.00	¥ 588.00	¥ 47.00	¥ 2,333.00	
李芳	女	1979年12月9日	¥ 1,721.00	¥ 580.00	¥ 39.00	¥ 2,340.00	

图 2-37 图表示例

实践步骤：

（1） 创建图表：按住“Ctrl”键，分别在单元格区域 A2:A13 和 G2:G13 上拖动。选择两列数据，单击“插入”选项卡的“图表”组中的“柱形图”按钮，从弹出的菜单中选择“三维簇状柱形图”。

（2） 更改图表样式：选择图表，打开“设计”|“图表样式”下拉列表，选择“样式 40”。

（3） 设置标题格式：选择图表标题，打开“格式”|“艺术字样式”下拉列表，选择“渐变填充-紫色，强调文字颜色 4，镜像”。

任务四　创建与应用数据透视表

实践要求：

打开“Excel 素材\工资表.xlsx”工作簿，创建工资表的数据透视表，如图 2-38 所示。

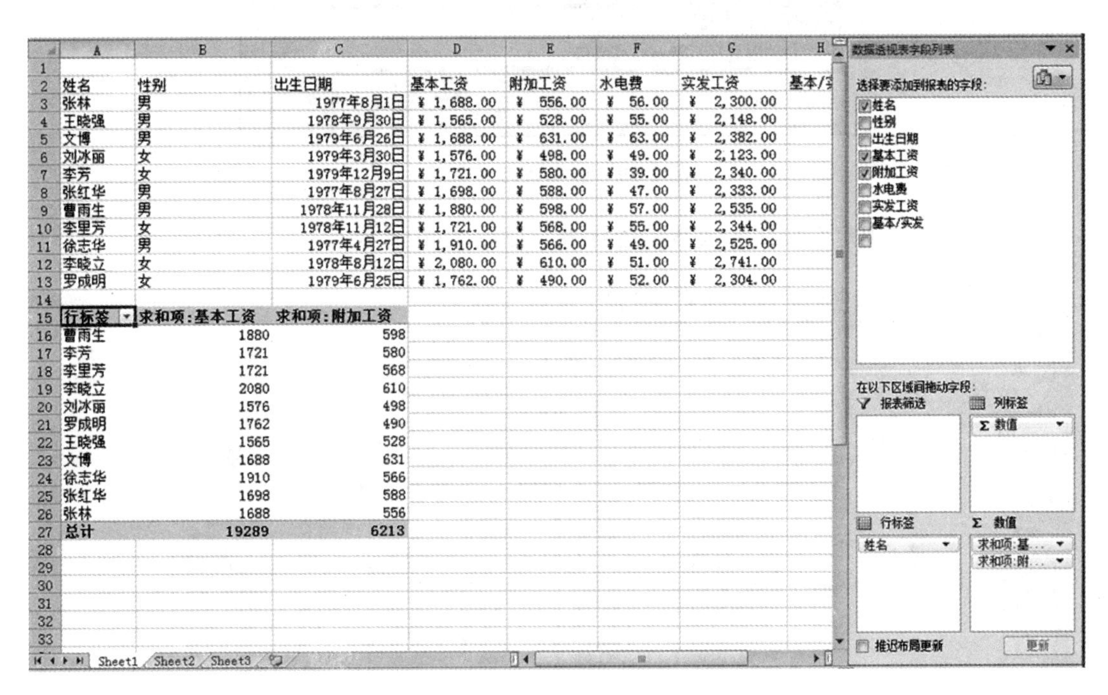

姓名	性别	出生日期	基本工资	附加工资	水电费	实发工资
张林	男	1977年8月1日	¥ 1,688.00	¥ 556.00	¥ 56.00	¥ 2,300.00
王晓强	男	1978年9月30日	¥ 1,565.00	¥ 528.00	¥ 55.00	¥ 2,148.00
文博	男	1979年6月26日	¥ 1,688.00	¥ 631.00	¥ 63.00	¥ 2,382.00
刘冰丽	女	1979年3月30日	¥ 1,576.00	¥ 498.00	¥ 49.00	¥ 2,123.00
李芳	女	1979年12月9日	¥ 1,721.00	¥ 580.00	¥ 39.00	¥ 2,340.00
张红华	男	1977年8月27日	¥ 1,698.00	¥ 588.00	¥ 47.00	¥ 2,333.00
曹雨生	男	1978年11月28日	¥ 1,880.00	¥ 598.00	¥ 57.00	¥ 2,535.00
李里芳	女	1978年11月12日	¥ 1,721.00	¥ 568.00	¥ 55.00	¥ 2,344.00
徐志华	男	1977年4月27日	¥ 1,910.00	¥ 566.00	¥ 49.00	¥ 2,525.00
李晓立	女	1978年8月12日	¥ 2,080.00	¥ 610.00	¥ 51.00	¥ 2,741.00
罗成明	女	1979年6月25日	¥ 1,762.00	¥ 490.00	¥ 52.00	¥ 2,304.00

行标签	求和项:基本工资	求和项:附加工资
曹雨生	1880	598
李芳	1721	580
李里芳	1721	568
李晓立	2080	610
刘冰丽	1576	498
罗成明	1762	490
王晓强	1565	528
文博	1688	631
徐志华	1910	566
张红华	1698	588
张林	1688	556
总计	19289	6213

图 2-38　工资表的数据透视表

实践步骤：

（1）创建数据透视表。在数据区域的任意单元格中单击。单击“插入”选项卡的“表格”组中的“数据透视表”按钮，打开“创建数据透视表”对话框。

（2）在“请选择要分析的数据”选项组中选中“选择一个表或区域”单选按钮，单击“表/区域”框右端的折叠按钮，折叠当前对话框。选择单元格区域 A2:G13（显示为“Sheet1!$A$2:$G$13”），在“选择放置数据透视表的位置”选项组中选中“现有工作表”单选按钮。单击“位置”框右端的折叠按钮，折叠当前对话框。选择 A15 单元格（显示为“Sheet1!$A$15”），如图 2-39 所示。

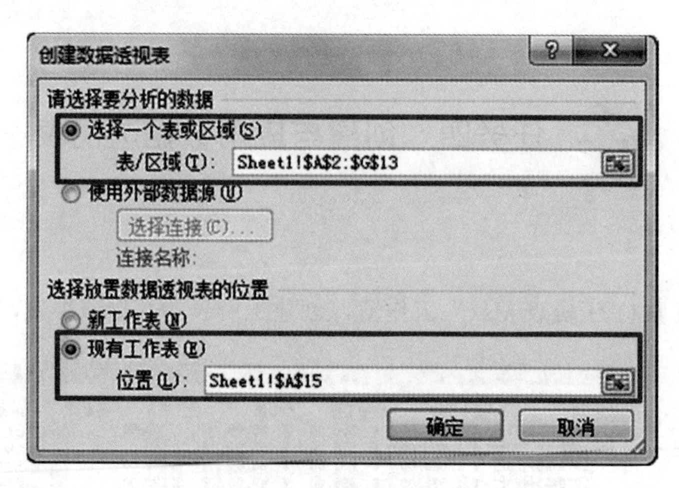

图 2-39　选择 A15 单元格

（3） 单击“确定”按钮生成数据透视表，如图 2-40 所示。

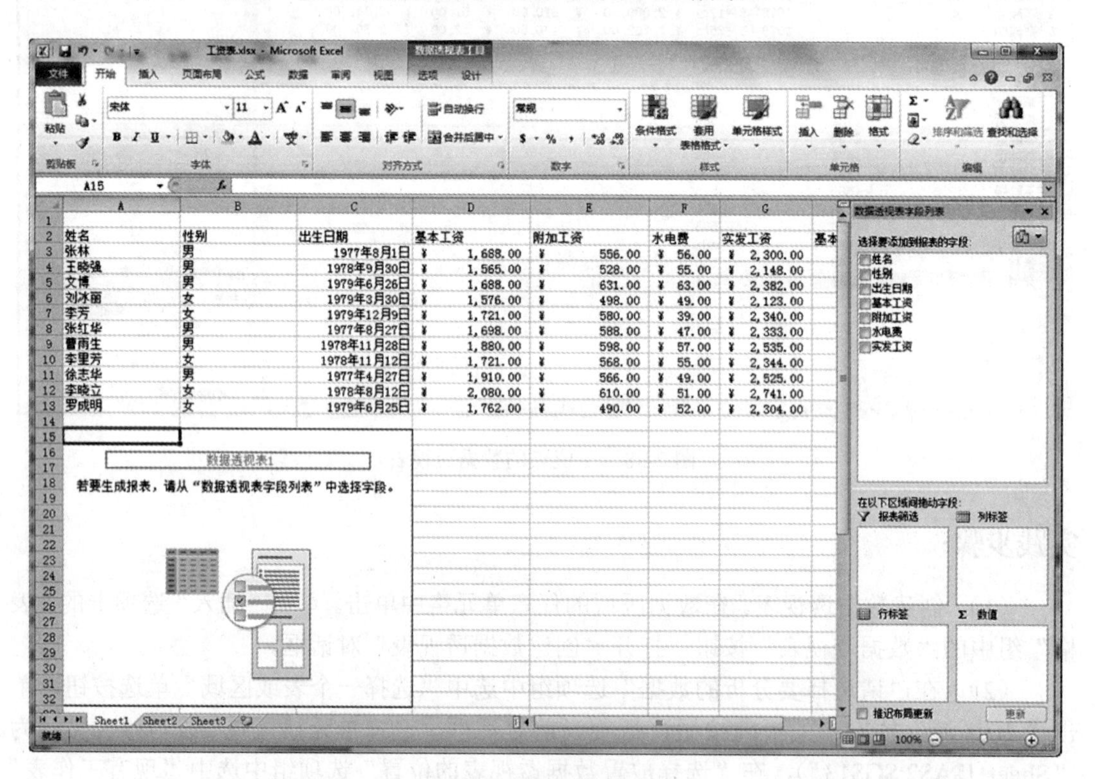

图 2-40　生成数据透视表

（4） 在“数据透视表字段列表”窗格中的“选择要添加到报表的字段”下拉列表框中选中“姓名”“基本工资”“附加工资”复选框，查看这 3 个字段的数据透视表。

实验效果评价：

实验内容	完成情况	掌握程度	是否掌握如下操作
1. 创建图表 2. 编辑和修改图表 3. 创建和应用数据透视表	□ 独立完成 □ 他人帮助完成 □ 未完成	你认为本次实验： □ 很难 □ 有点难 □ 较容易	□ 创建图表 □ 编辑和修改图表 □ 创建和应用数据透视表

本次上机成绩______________

实践七　打印工作表

扫一扫微课视频
任务

实践目的：

◆ 掌握设置工作表页面格式的方法。
◆ 掌握打印和预览工作表的方法。

实践要求：

打开“Excel 素材\彩电销售表.xlsx”工作簿，执行以下操作：

1. 设置页边距：设置左边 5 厘米，设置上边、下边、右边均为 3 厘米。
2. 添加页眉和页脚：在页眉左边输入“3 月 31 日制表”，在页脚右边插入页码。
3. 在工作表第 20 行的上方插入分页符。
4. 设置表格的标题行为顶端打印标题，打印区域为单元格区域 A2:E38，打印纸张为 A5，设置完成后进行打印预览。

实践步骤：

1. 设置页边距。

（1） 单击“页面布局”选项卡的“页面设置”组中的“页边距”按钮，从弹出的菜单中选择“自定义边距”命令，打开“页面设置”对话框。

（2） 在“页边距”选项卡的“左”微调框中输入“5”，在“上”“下”“右”微调框中分别输入“3”，如图 2-41 所示。

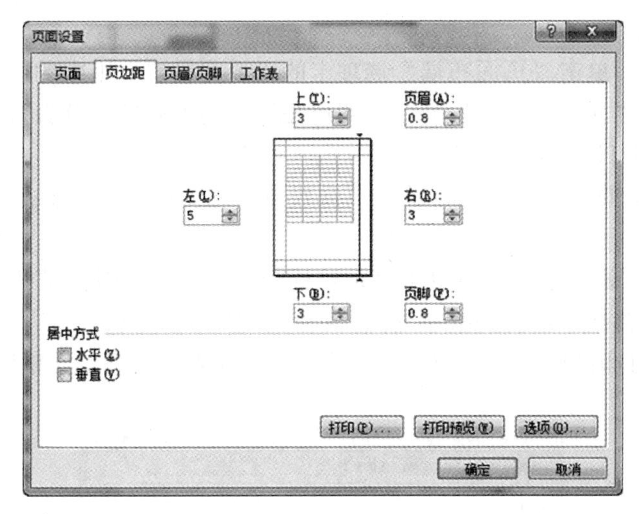

图 2-41 设置页边距

2. 添加页眉和页脚。

（1） 单击“插入”选项卡的“文本”组中的“页眉和页脚”按钮。在页眉区域单击左边的编辑框，输入“3 月 31 日制表”，如图 2-42 所示。

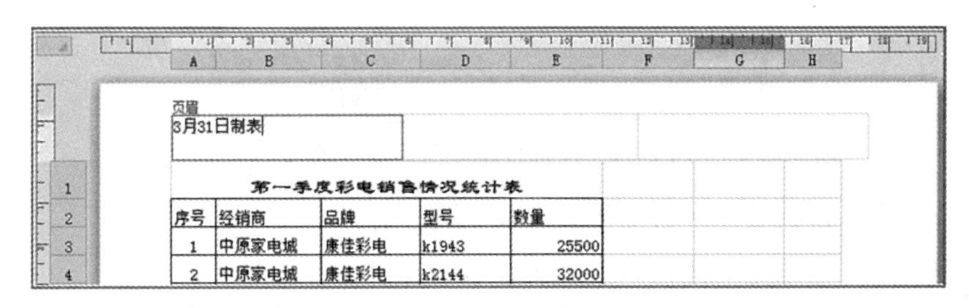

图 2-42 插入页眉

（2） 向下拖动滚动条，在工作区域显示页脚区域，单击右边的编辑框，单击“设计”选项卡的“页眉和页脚工具”组中的“页码”按钮。插入页码，如图 2-43 所示。

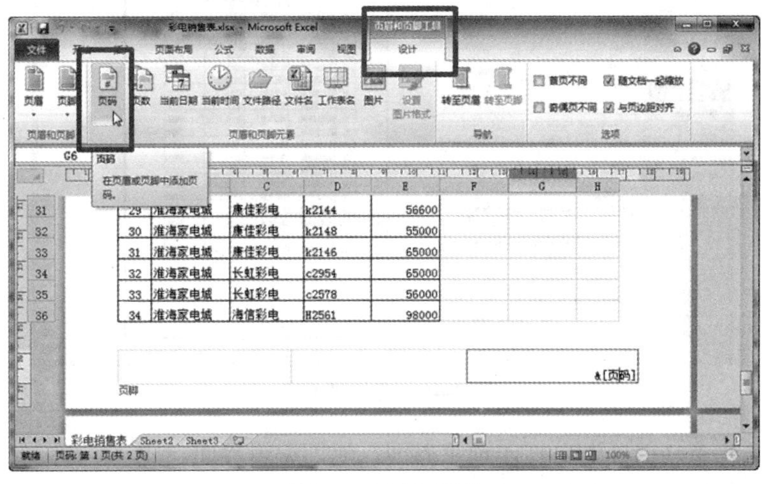

图 2-43 插入页码

3. 插入分页符。

选中第 20 行，单击“页面布局”选项卡的“页面设置”组中的“分隔符”按钮，从弹出的菜单中选择“插入分页符”命令，即可在该行的上方插入分页符。

4. 打印设置和打印预览。

（1） 单击“页面布局”选项卡的“页面设置”组中的“打印标题”按钮，打开“页面设置”对话框。

（2） 在“工作表”选项卡中单击“顶端标题行”右端的折叠按钮，在工作表中选择表格的标题区域，再次单击折叠按钮返回“页面设置”对话框。

（3） 单击“打印区域”右端的折叠按钮，在工作表中选择单元格区域 A2:E38，如图 2-44 所示。

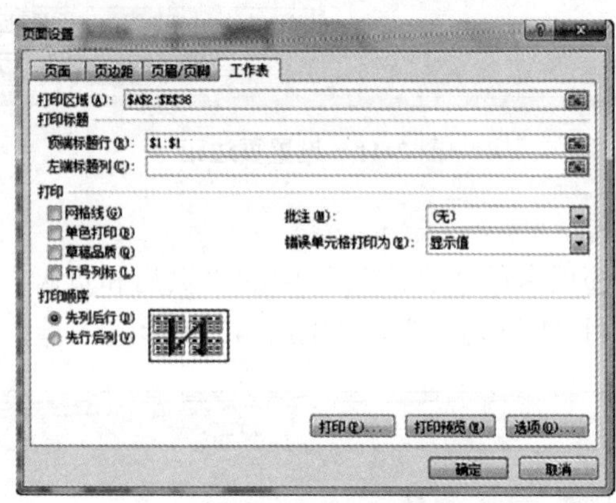

图 2-44　设置打印标题和打印区域

（4） 单击折叠按钮返回“页面设置”对话框。

（5） 单击“打印预览”按钮，进入打印设置和打印预览界面。

（6） 在“设置”栏的纸张大小下拉列表框中选择“A5”，如图 2-45 所示。

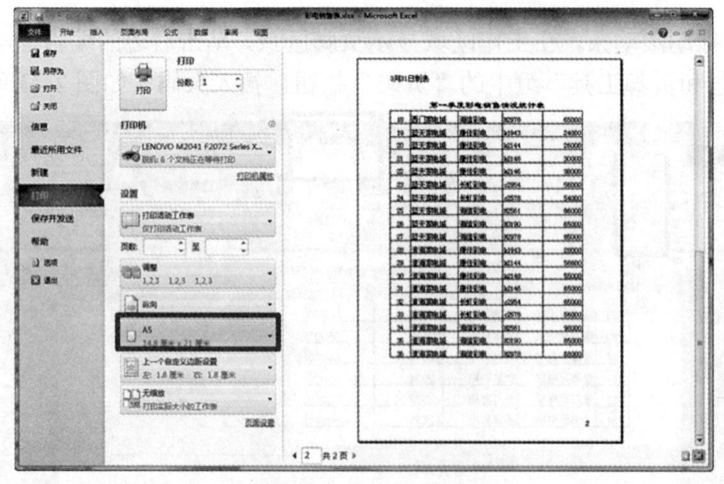

图 2-45　选择“A5”

（7） 单击任意功能区退出打印预览界面，返回编辑界面。

（8） 单击快速访问工具栏中的“保存”按钮保存工作结果。

实验效果评价：

实验内容	完成情况	掌握程度	是否掌握如下操作
1. 设置工作表页面格式 2. 打印预览	□ 独立完成 □ 他人帮助完成 □ 未完成	你认为本次实验： □ 很难 □ 有点难 □ 较容易	□ 设置工作表页面格式 □ 打印预览

本次上机成绩______________

综合实践一 电子表格工作簿的操作

扫一扫微课视频

综合实践一

实践目的：

- ◆ 掌握工作表的基本操作方法。
- ◆ 掌握设置单元格格式的设置方法。
- ◆ 掌握公式和图表的运用。
- ◆ 掌握打印工作表的方法。

实践要求：

打开“Excel 素材\ A6-1.xlsx”工作簿并设置，结果如样表 13 所示。

样表 13

利达公司2010年度各地市销售情况表（万元）					
城市	第一季度	第二季度	第三季度	第四季度	合计
郑州	266	368	486	468	1588
商丘	126	148	283	384	941
漯河	0	88	276	456	820
南阳	234	186	208	246	874
新乡	186	288	302	568	1344
安阳	98	102	108	96	404

1. 工作表的基本操作。

（1） 将“Sheet1”工作表中的所有内容复制到“Sheet3”工作表中，并将“Sheet3”工作表重命名为“销售情况表”，将此工作表标签的颜色设置为标准色中的“橙色”。

（2） 在标题行下方插入一空行，并设置行高为 10。将“郑州”一行移至“商丘”一行的上方，删除第 G 列（空列）。

2. 设置单元格格式。

（1） 在“销售情况表”工作表中，将单元格区域 B2:G3 合并后居中，字体设置为华文仿宋、20 磅、加粗，并为标题行填充天蓝色（RGB：146，205，220）底纹。

（2） 将单元格区域 B4:G4 的字体设置为华文行楷、14 磅、“白色，背景 1”，文本对齐方式为居中，为其填充红色（RGB：200，100，100）底纹。

（3） 将单元格区域 B5:G10 的字体设置为华文细黑、12 磅，文本对齐方式为居中，为其填充玫瑰红色（RGB：230，175，175）底纹。并将其外边框设置为粗实线，内部框线设置为虚线，颜色均为标准色中的“深红”色。

3. 插入批注和公式。

（1） 在“销售情况表”工作表中，为 0（C7）单元格插入批注“该季度没有进入市场”。

（2） 在“销售情况表”工作表中表格的下方建立“常用根式”公式，并为其应用“强烈效果-蓝色，强调颜色 1”的形状样式。

4. 建立图表，结果如实验一图表效果图所示。

（1） 使用“销售情况表”工作表中的相关数据在“Sheet3”工作表中创建一个三维簇状柱形图。

（2） 按图表 4 所示为图表添加图表标题及坐标标题。

图表 4

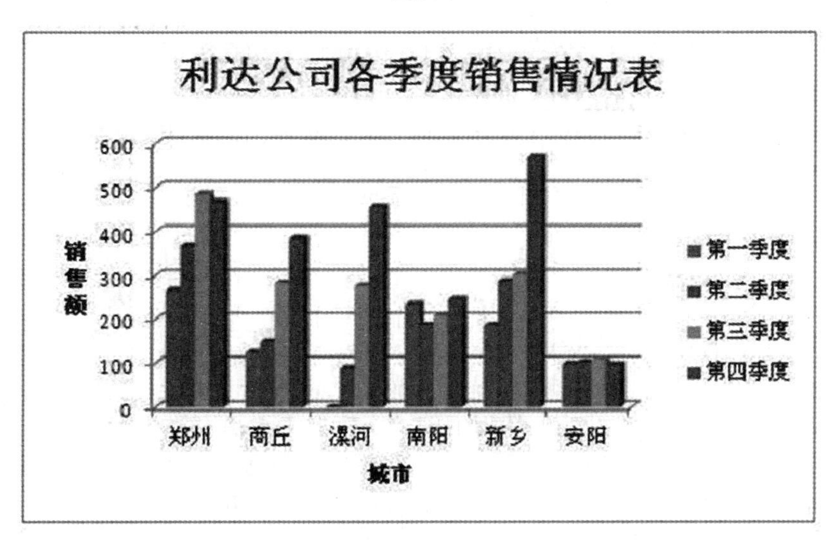

5. 打印设置。

（1） 在“销售情况表”工作表第 8 行的上方插入分页符。

（2） 设置表格的标题行为顶端打印标题，打印区域为单元格区域 A1:G16，设置完成后进行打印预览。

实践方法提示：

启动 Excel 2010，选择“文件”|“打开”命令，打开“打开”对话框。在“查找范围”

文本框中找到指定路径，选择 A6-1.xlsx 文件，单击“打开”按钮打开工作簿。

（一）表格基本操作

1. 工作表的基本操作。

（1） 复制工作表：在“Sheet1”工作表中，按下“Ctrl+A”组合键选中整个工作表。单击“开始”选项卡的“剪贴板”组中的“复制”按钮，切换至“Sheet3”工作表。选中 A1 单元格，单击“剪贴板”组中的“粘贴”按钮。

（2） 重命名工作表：在“Sheet3”工作表的标签上单击鼠标右键，从弹出的快捷菜单中选择“重命名”命令。此时的标签会显示黑色背景，输入新的工作表名称“销售情况表”。

（3） 设置工作表标签颜色：在“Sheet3”工作表标签上单击鼠标右键，从弹出的快捷菜单中选择“工作表标签颜色”|“橙色”命令。

2. 行与列的操作。

（1） 插入行：切换到“销售情况表”工作表，在第 3 行行号上单击鼠标右键。从弹出的快捷菜单中选择“插入”命令，在标题行下方插入一个空行。

（2） 设置行高：在第 3 行的行号上单击鼠标右键，从弹出的快捷菜单中选择“行高”命令，打开“行高”对话框。在“行高”文本框中输入数值“10”，单击“确定”按钮。

（3） 移动行：在“郑州”所在行的行号上单击鼠标右键，从弹出的快捷菜单中选择“剪切”命令，将该行内容暂时存放在剪贴板中。在“商丘”所在行的行号上单击鼠标右键，从弹出的快捷菜单中选择“插入剪切的单元格”命令。

（4） 删除行：在 G 列的列标上单击鼠标右键，从弹出的快捷菜单中选择“删除”命令，删除该空列。

（二）设置单元格格式

1. 设置标题格式。

（1） 合并后居中：在“销售情况表”工作表中选中单元格区域 B2:G3，单击“开始”选项卡的“对齐方式”组中的“合并后居中”按钮。

（2） 设置字体：单击“开始”选项卡的“字体”工具组右下角的控件，打开“设置单元格格式”对话框。在“字体”选项卡的“字体”列表框中选择“华文仿宋”，在“字号”列表框中选择“20”磅，在“字形”列表框中选择“加粗”。

（3） 设置底纹：在“设置单元格格式”对话框中切换到“填充”选项卡，单击“其他颜色”按钮，打开“颜色”对话框。切换到“自定义”选项卡，在“颜色模式”下拉列表中选择“RGB”。然后在“红色”微调框中输入“146”，在“绿色”微调框中输入“205”，在“蓝色”微调框中输入“220”。单击“确定”按钮，返回“设置单元格格式”对话框，单击“确定”按钮。

2. 设置单元格区域 B4:G4 的格式。

（1） 选中单元格区域 B4:G4，打开“设置单元格格式”对话框，切换到“字体”选项卡，在“字体”列表框中选择“华文行楷”，在“字号”列表框中选择“14”磅，在“颜色”列表框中选择“白色”。

（2） 切换到“填充”选项卡，单击“其他颜色”按钮，打开“颜色”对话框。切换到“自定义”选项卡，在“颜色模式”下拉列表中选择“RGB”。然后在“红色”微调框中输入“200”，在“绿色”微调框中输入“100”，在“蓝色”微调框中输入“100”。单击“确定”按钮，返回“设置单元格格式”对话框，单击“确定”按钮。

（3） 单击“开始”选项卡的“对齐方式”组中的“居中”按钮。

3. 设置单元格区域 B5:G10 的格式。

（1） 选中单元格区域 B5:G10，单击“开始”选项卡的“对齐方式”组中的“居中”按钮。

（2） 打开“设置单元格格式”对话框，切换到“字体”选项卡。在“字体”列表框中选择“华文细黑”，在“字号”列表框中选择“12”磅。

（3） 切换到“填充”选项卡，单击“其他颜色”按钮，打开“颜色”对话框。切换到“自定义”选项卡，在“颜色模式”下拉列表中选择“RGB”。然后在“红色”微调框中输入“230”，在“绿色”微调框中输入“175”，在“蓝色”微调框中输入“175”。单击“确定”按钮，返回“设置单元格格式”对话框。

（4） 切换到“边框”选项卡，在“线条”选项组的“颜色”列表框中选择标准色中的“深红”色，在“样式”列表框中选择实线（第 5 行第 2 列）。在“预置”选项组中单击“外边框”按钮，在“样式”列表框中选择虚线（第 6 行第 1 列）。在“预置”选项组中单击“内部”按钮。设置后单击“确定”按钮。

（三）插入批注和公式

1. 插入批注。

（1） 在“销售情况表”工作表中选中文本“0”所在的单元格（C7），单击“审阅”选项卡的“批注”组中的“新建批注”按钮，在该单元格附近打开一个批注框。在其中输入“该季度没有进入市场”，如图 2-46 所示。

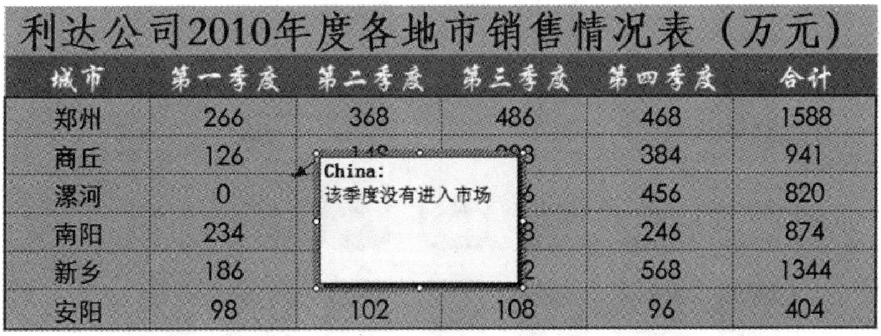

利达公司2010年度各地市销售情况表（万元）

城市	第一季度	第二季度	第三季度	第四季度	合计
郑州	266	368	486	468	1588
商丘	126	[illegible]	[illegible]	384	941
漯河	0	[illegible]	[illegible]	456	820
南阳	234	[illegible]	[illegible]	246	874
新乡	186	[illegible]	[illegible]	568	1344
安阳	98	102	108	96	404

China:
该季度没有进入市场

图 2-46　插入批注

2. 创建公式。

（1） 在“销售情况表”工作表的数据区域下方选中任一单元格，单击“插入”选项卡的“符号”组中的“公式”按钮。表格中会出现一个公式占位符，并在功能区中显示绘图工具“格式”选项卡和公式工具“设计”选项卡。

（2） 单击“设计”选项卡的“结构”组中的“根式”按钮，从弹出的菜单中选择“常用根式”中的“根式”插入公式，如图 2-47 所示。

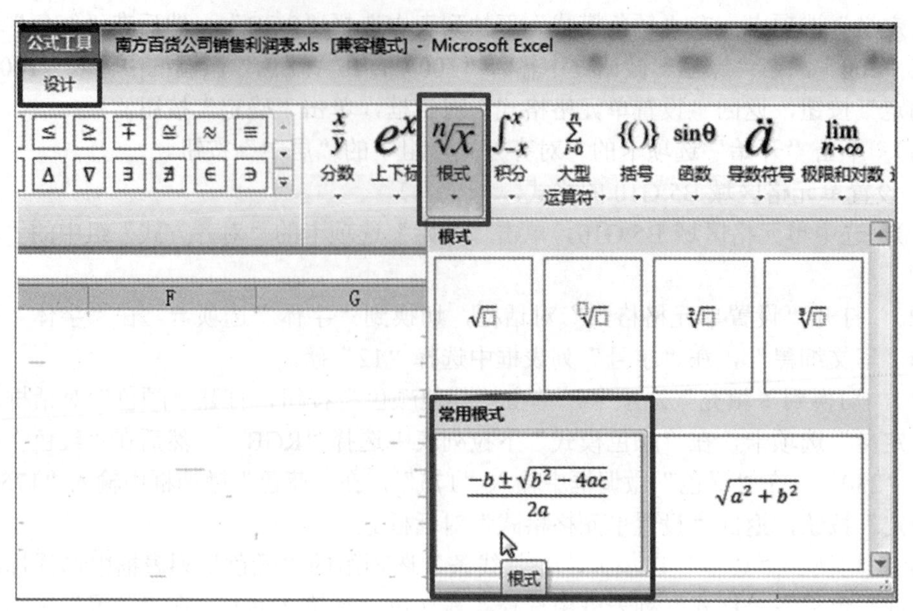

图 2-47　插入公式

（3） 选中已插入的公式，在“格式”选项卡的“形状样式”下拉列表框中选择“强烈效果-蓝色，强调颜色 1”，如图 2-48 所示。

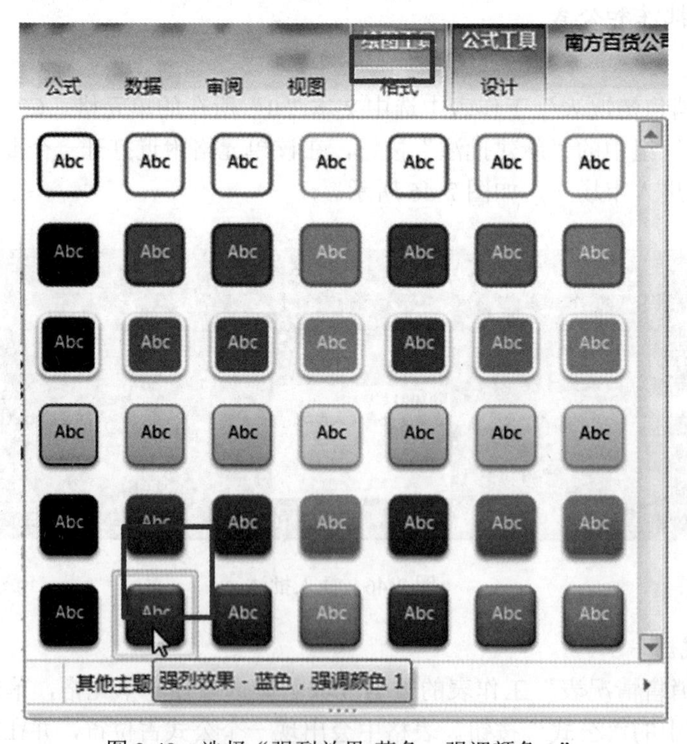

图 2-48　选择“强烈效果-蓝色，强调颜色 1”

（四）建立图表

1. 创建图表。

在“销售情况表”工作表中选中单元格区域 B4:F10，单击“插入”选项卡的“图表”组中的“柱形图”按钮，从弹出的菜单中选择“三维族状柱形图”命令。

2. 移动图表。

（1） 选中所创建的图表，单击“设计”选项卡的“位置”组中的“移动图表”按钮，打开“移动图表”对话框。选中“对象位于”单选按钮，并在下拉列表框中选择“Sheet3”工作表，如图 2-49 所示。

图 2-49　移动图表

（2） 单击“确定”按钮。

3. 修改图表。

（1） 添加标题：单击“布局”选项卡的“标签”组中的“图表标题”按钮，从弹出的菜单中选择“图表上方”命令，然后在图表标题占位符中输入文本“利达公司各季度销售情况表”。

（2） 添加横坐标轴标题：单击“布局”选项卡的“标签”组中的“坐标轴标题”按钮，从弹出的菜单中选择“主要横坐标轴标题”|“坐标轴下方标题”命令，然后在横坐标轴标题占位符中输入文本“城市”。

（3） 添加纵坐标轴标题：单击“布局”选项卡的“标签”组中的“坐标轴标题”按钮，从弹出的菜单中选择“主要纵坐标轴标题”|“竖排标题”命令，然后在纵坐标轴标题占位符中输入文本“销售额”。

（五）工作表的打印设置

1. 插入分页符。

在“销售情况表”工作表中选中第 8 行，单击“页面布局”选项卡的“页面设置”组中的“分隔符”按钮。从弹出的菜单中选择“插入分页符”命令，在该行上方插入分页符。

2. 页面设置。

（1） 设置打印标题：在“销售情况表”工作表中单击“页面布局”选项卡的“页面设置”组中的“打印标题”按钮，打开“页面设置”对话框。在“工作表”选项卡中单击“顶端标题行”右端的折叠按钮，在工作表中选择表格的标题区域，返回“页面设置”对话框。

（2） 选择打印区域：在“页面设置”对话框的“工作表”选项卡中单击“打印区域”右端的折叠按钮。在工作表中选择单元格区域 A1:G16，返回“页面设置”对话框。

（3） 打印预览：在“页面设置”对话框中单击“打印预览”按钮，进入预览界面预览打印效果。

（六）保存工作簿

退出打印预览界面，单击快速访问工具栏中的“保存”按钮。

综合实践二　电子表格中的数据处理

扫一扫微课视频
综合实践二

实践目的：

- 了解数据的查找和替换方法。
- 掌握公式和函数的应用。
- 掌握数据的排序、筛选、分类汇总。
- 了解透视分析数据的方法。

实践要求：

打开工作簿 A7.xlsx，按下面的要求操作。

1. 查找与替换数据。

按照样表 14 所示，在“Sheet1”工作表中查找出所有的数值“88”，并将其全部替换为“80”。

样表 14

	A	B	C	D	E	F
1	恒大中学高二考试成绩表					
2	姓名	班级	语文	数学	英语	政治
3	李平	高二（一）班	72	75	69	80
4	麦孜	高二（二）班	85	80	73	83
5	张江	高二（一）班	97	83	89	80
6	王硕	高二（三）班	76	80	84	82
7	刘梅	高二（三）班	72	75	69	63
8	江海	高二（一）班	92	86	74	84
9	李朝	高二（三）班	76	85	84	83
10	许如润	高二（一）班	87	83	90	80
11	张玲铃	高二（三）班	89	67	92	87
12	赵丽娟	高二（二）班	76	67	78	97
13	高峰	高二（二）班	92	87	74	84
14	刘小丽	高二（三）班	76	67	90	95

2. 应用公式与函数。

按照样表 15 所示，使用“Sheet1”工作表中的数据，应用函数与公式统计出各班的总分及各科的平均分，结果分别填写在相应的单元格中。

样表 15

恒大中学高二考试成绩表						
姓名	班级	语文	数学	英语	政治	总分
李平	高二（一）班	72	75	69	80	296
麦孜	高二（二）班	85	80	73	83	321
张江	高二（一）班	97	83	89	80	349
王硕	高二（三）班	76	80	84	82	322
刘梅	高二（三）班	72	75	69	63	279
江海	高二（一）班	92	86	74	84	336
李朝	高二（三）班	76	85	84	83	328
许如润	高二（一）班	87	83	90	80	340
张玲铃	高二（三）班	89	67	92	87	335
赵丽娟	高二（二）班	76	67	78	97	318
高峰	高二（二）班	92	87	74	84	337
刘小丽	高二（三）班	76	67	90	95	328
各科平均分		82.5	77.9	80.5	83.2	

3. 基本数据分析。

（1） 数据排序及条件格式的应用：按照样表 16 所示，使用“Sheet2”工作表中的数据，以“总分”为主要关键字、“数学”为次要关键字进行升序排序，并对相关数据应用“图标集”中“四等级”的条件格式实现数据的可视化效果。

样表 16

恒大中学高二考试成绩表						
姓名	班级	语文	数学	英语	政治	总分
刘梅	高二（三）班	72	75	69	63	279
李平	高二（一）班	72	75	69	80	296
赵丽娟	高二（二）班	76	67	78	97	318
刘小丽	高二（三）班	76	67	90	95	328
李朝	高二（三）班	76	85	84	83	328
麦孜	高二（二）班	85	88	73	83	329
王硕	高二（三）班	76	88	84	82	330
张玲铃	高二（三）班	89	67	92	87	335
江海	高二（一）班	92	86	74	84	336
高峰	高二（二）班	92	87	74	84	337
许如润	高二（一）班	87	83	90	88	348
张江	高二（一）班	97	83	89	88	357

（2） 数据筛选：按照样表 17 所示，使用“Sheet3”工作表中的数据，筛选出各科分数均大于或等于 80 的记录。

样表 17

	A	B	C	D	E	F
1	恒大中学高二考试成绩表					
2	姓名	班级	语文	数学	英语	政治
5	张江	高二（一）班	97	83	89	88
10	许如润	高二（一）班	87	83	90	88
15						

（3） 合并计算：按照样表 18 所示，使用“Sheet4”工作表中的数据，在“各班各科平均成绩表”的表格中进行求“平均值”的合并计算操作。

样表 18

各班各科平均成绩表				
班级	语文	数学	英语	政治
高二（一）班	87	81.75	80.5	85
高二（二）班	84.33333	80.66667	75	88
高二（三）班	77.8	76.4	83.8	82

（4） 分类汇总：按照样表 19 所示，使用“Sheet5”工作表中的数据，以“班级”为分类字段，对各科成绩进行“平均值”的分类汇总。

样表 19

恒大中学高二考试成绩表					
姓名	班级	语文	数学	英语	政治
	高二（一）班	87	81.75	80.5	85
	高二（三）班	77.8	76.4	83.8	82
	高二（二）班	84.33333	80.66667	75	88
	总计平均值	82.5	79.25	80.5	84.5

（5） 数据的透视分析：按照样表 20 所示，使用“数据源”工作表中的数据，以“班级”为报表筛选项，以“日期”为行标签，以“姓名”为列标签，以“迟到”为计数项，从“Sheet6”工作表的 A1 单元格开始建立数据透视表。

样表 20

	A	B	C	D	E	F	G	H
1	班级	高二（三）班						
2								
3	计数项:迟到	列标签						
4	行标签	李朝	刘梅	刘小丽	王硕	张玲铃	总计	
5	2010/6/7		1		1		2	
6	2010/6/8		1		1		2	
7	2010/6/9	1				1	2	
8	2010/6/10	1		1			2	
9	2010/6/11		1			1	2	
10	总计	2	3	1	2	2	10	
11								

实践方法提示：

选择“文件”|“打开”命令，在“打开”对话框的“查找范围”文本框中找到指定路径，选择 A7.xlsx 文件。单击“打开”按钮，打开 A7.xlsx 工作簿。

（一）数据的查找与替换

1. 在“Sheet1”工作表中，单击“开始”选项卡的“编辑”组中的“查找和选择”按钮。从弹出的菜单选择“替换”命令，打开如图 2-50 所示的“查找和替换”对话框。

2. 在“查找内容”下拉列表框中输入“88”，在“替换为”下拉列表框中输入“80”，单击“全部替换”按钮。

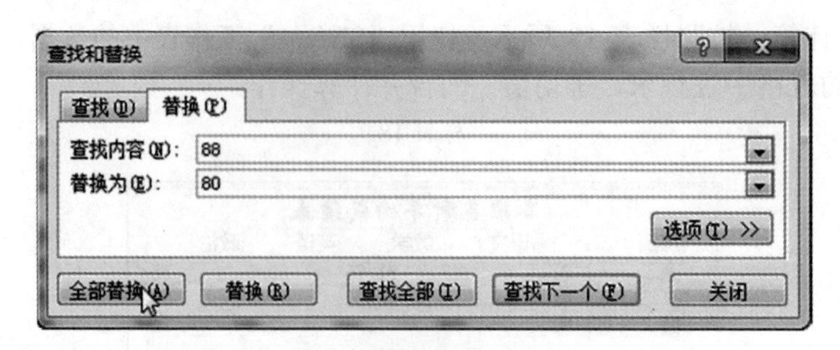

图 2-50 “查找和替换”对话框

3. 在打开的“确认”对话框中单击“确定”按钮。

4. 在“查找和替换”对话框中单击“关闭”按钮关闭对话框，完成替换。

（二）应用公式与函数

1. 求和。

（1） 在“Sheet1”工作表中选中 G3 单元格，单击“开始”选项卡的“编辑”组中的“自动求和”下拉按钮。从弹出的菜单中选择“求和”命令，在单元格中插入 SUM 求和函数。

（2） 根据题目要求调整求和区域为 C3:F3，按下“Enter”键得出结果。

（3） 将光标置于“Sheetl”工作表中 G3 单元格的右下角处，当指针变为十字状时，按住鼠标左键不放拖动至 G14 单元格处。释放鼠标左键，完成 G3:G14 单元格函数的复制填充操作。

2. 求平均值。

（1） 在“Sheet1”工作表中选中 C15 单元格，单击“开始”选项卡的“编辑”组中的“自动求和”下拉按钮。从弹出的菜单中选择“平均值”命令，在单元格中插入 AVERAGE 求平均值函数。

（2） 根据题目要求调整平均值区域为 C3:C14，按下“Enter”键得出结果。

（3） 将光标置于“Sheet1”工作表中 CI5 单元格的右下角处，当指针变为十字状时，按住鼠标左键不放拖动至 F15 单元格处。释放鼠标左键，完成 C15:F15 单元格函数的复制填充操作。

（三）基本数据分析

1. 数据排序及条件格式的应用。

（1） 在“Sheet2”工作表中，选定数据区域的任意单元格，单击“开始”选项卡的“编辑”组中的“排序和筛选”按钮。从弹出的菜单中选择“自定义排序”命令，打开“排序”对话框。在“主要关键字”下拉列表框中选择“总分”命令，在“次序”下拉列表框中选择“升序”命令。单击“添加条件”按钮，增加“次要关键字”列。在“次要关键字”下拉列表框中选择“数学”命令，在“次序”下拉列表框中选择“升序”命令。设置升序条件，如图 2-51 所示，单击“确定”按钮完成排序。

图 2-51　设置排序条件

（2）在“Sheet2”工表中选中 C3:F14 单元格区域，单击“开始”选项卡的“样式”组中的“条件格式”按钮。从弹出的菜单中选择“图标集”中的“四等级”条件格式，如图 2-52 所示。

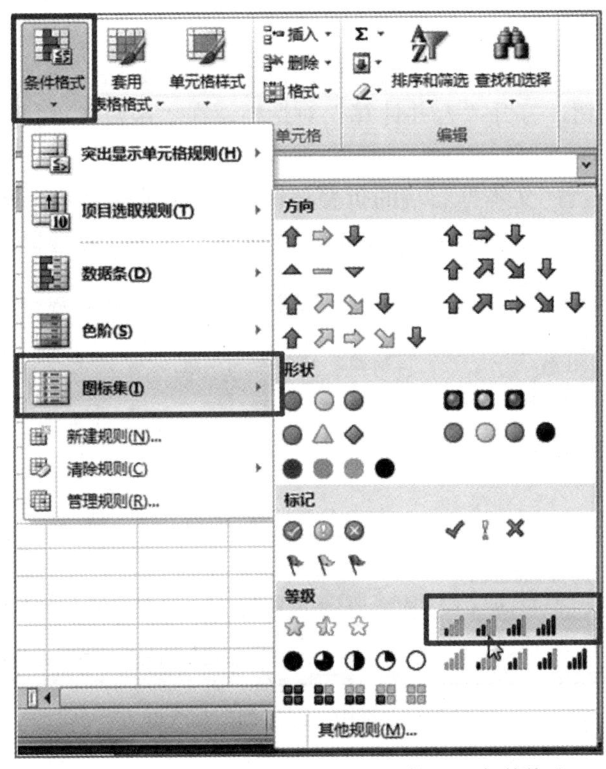

图 2-52　选择“图标集”中的“四等级”条件格式

2. 数据筛选。

（1）在“Sheet3”工作表中选定数据区域的任意单元格，单击“开始”选项卡的“编辑”组中的“排序和筛选”按钮。从弹出的菜单中选择“筛选”命令，在每个列字段后出现一个下拉按钮。

（2）单击“语文”字段右侧的下拉按钮，从弹出的下拉列表中选择“数字筛选”|“大于或等于”命令，打开“自定义自动筛选方式”对话框。在右侧的下拉列表框中输入“80”，如图 2-53 所示。

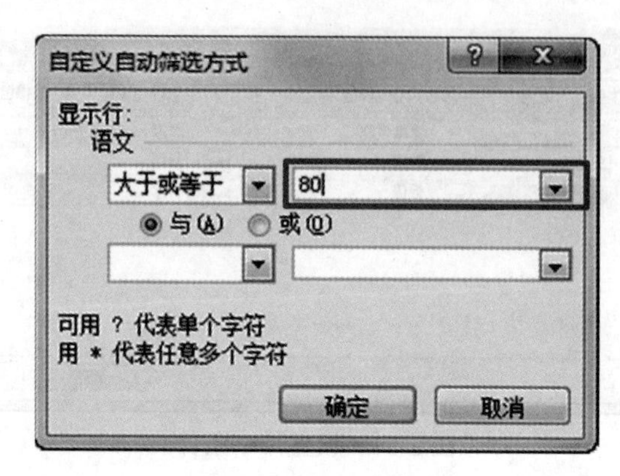

图 2-53　输入“80”

（3） 单击“确定”按钮完成筛选。

（4） 使用相同的方法将其他几科的分数“大于或等于 80”的记录筛选出来。

3. 合并计算。

（1） 在“Sheet4”工作表中选中 I3 单元格，单击“数据”选项卡的“数据工具”组中的“合并计算”按钮，打开“合并计算”对话框，在“函数”下拉列表框中选择“平均值”选项。

（2）单击“引用位置”文本框右端的折叠按钮，选择要进行合并计算的数据区域 B3:F14，再次单击折叠按钮返回“合并计算”对话框，选中“最左列”复选框，如图 2-54 所示。

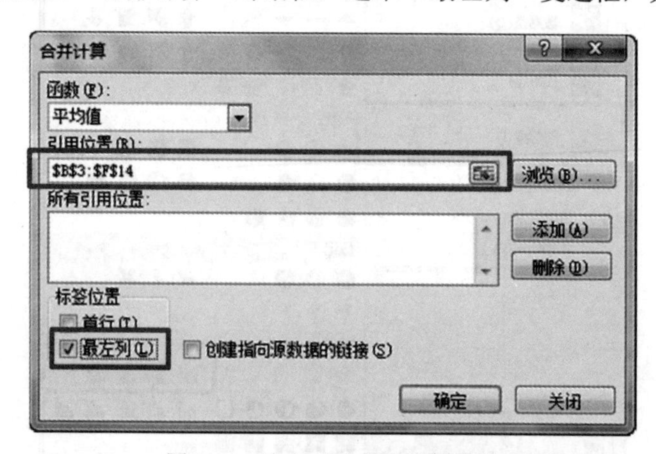

图 2-54　选中“最左列”复选框

（3） 单击“确定”按钮。

4. 分类汇总。

（1） 在“Sheet5”工作表中选中“班级”所在列的任意单元格，单击“开始”选项卡的“编辑”组中的“排序和筛选”按钮。从弹出的菜单中选择“降序”命令，将“班级”字段列进行降序排列。

（2） 单击“数据”选项卡的“分级显示”组中的“分类汇总”按钮，打开“分类汇总”对话框。在“分类字段”下拉列表框中选择“班级”命令，在“汇总方式”下拉列表框中选择“平均值”命令，在“选定汇总项”下拉列表框中选中“语文”“数学”“英语”

“政治”4 个复选框，并选中“汇总结果显示在数据下方”复选框，如图 2-55 所示。

（3） 单击“确定”按钮完成分类汇总。

5. 数据的透视分析。

（1） 在“Sheet6”工作表中选中 A1 单元格，单击“插入”选项卡的“表格”组中的“数据透视表”按钮，打开“创建数据透视表”对话框。单击“表”选项卡的“区域”文本框后面的折叠按钮折叠对话框，切换到“数据源”，选择 A2:D23 单元格区域。

（2） 单击折叠按钮返回“创建数据透视表”对话框，单击“确定”按钮，在“Sheet6”工作表中创建数据透视表。

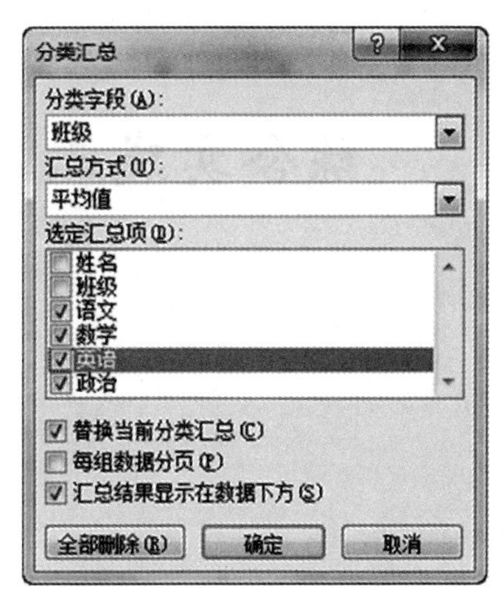

图 2-55　选中“汇总结果显示在数据下方”复选框

（3） 切换回“Sheet6”工作表，在“数据透视表字段列表”任务窗格中，拖动“选择要添加到报表的字段”列表框中的“班级”字段拖动至“报表筛选”列表框中，将“姓名”字段拖动至“列标签”列表框中，将“日期”字段拖动至“行标签”列表框中，将“迟到”字段拖动至“数值”列表框中。添加报表字段，如图 2-56 所示。

（4） 在“数据透视表字段列表”任务窗格的“数值”列表框中，单击“求和项：迟到”后面的下拉按钮。在打开的列表中选择“值字段设置”命令，打开如图 2-57 所示的“值字段设置”对话框。在“计算类型”列表中选择“计数”命令，单击“确定”按钮。

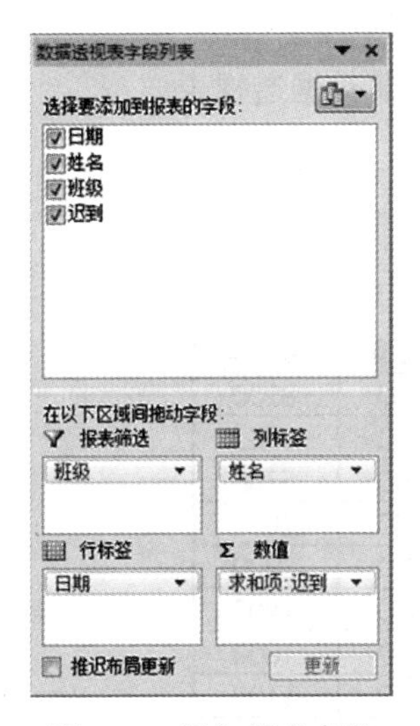

图 2-56　添加报表字段

图 2-57　“值字段设置”对话框

（5） 根据样表 20 调整显示项目，单击文本“班级（全部）”后面的下拉按钮。在打开的列表中选择“高二（三）班”命令，单击“确定”按钮。

（四）保存工作簿

选择“文件”|“保存”命令保存工作簿。

综合实践三　数据透视表和合并计算

扫一扫微课视频
综合实践三

实践目的：

- ◆ 了解数据透视表向导的使用方法。
- ◆ 掌握简单数据透视表的建立。
- ◆ 掌握创建合并计算报告。

实践要求：

1. 在“Sheet1”工作表中输入样表 21 中的数据，创建数据透视表。

样表 21

	A	B	C	D	E
1	体育用品店销售分析表				
2	商品	第一季	第二季	第三季	第四季
3	运动鞋	6800	9200	8600	8200
4	网球拍	4900	4300	5200	4300
5	高尔夫	7200	5100	4200	5700
6	羽毛球拍	2400	1900	2200	2000
7	篮球	1900	2100	2400	2000
8	足球	3200	3400	3100	2900
9	滑板	1300	1900	1500	1800
10	溜冰鞋	900	1700	1500	1100
11	乒乓球	1700	1200	1100	900
12	排球	4100	4400	3500	200
13	哑铃	800	500	1200	900
14	运动护具	2200	2200	2500	2100
15	拳击沙袋	3300	3900	3600	3000

2. 在“Sheet2”工作表中输入样表 22 中的数据，在“成绩分析”中进行“平均值”合并计算。

样表 22

	A	B	C	D	E	F
1	计算机职称考试成绩表					
2	姓名	性别	年龄	职业	科目	总分
3	甲	女	25	教师	中文Windows XP操作系统	92
4	乙	男	28	律师	Excel 2003中文电子表格	86
5	丙	女	26	医生	中文Windows XP操作系统	75
6	丁	女	30	会计	Word 2003中文字处理	94
7	戊	男	45	教师	Internet应用	76
8	己	女	35	医生	Excel 2003中文电子表格	78
9	庚	女	30	律师	Internet应用	96
10						
11					成绩分析	
12					科目	平均分
13						
14						
15						
16						

实践方法提示：

1. 建立数据透视表。

（1） 新建一个工作簿，按照样表 21 在“Sheet1”工作表中输入数据。

（2） 单击数据区域中的任意一个单元格，单击“插入”选项卡的“表格”组中的“数据透视表”按钮，打开“创建数据透视表”对话框。单击“确定”按钮，创建空白数据透视表。

（3） 在“数据透视表字段列表”对话框中勾选需要的字段，并在左侧的数据透视表中显示出来，如图 2-58 所示。

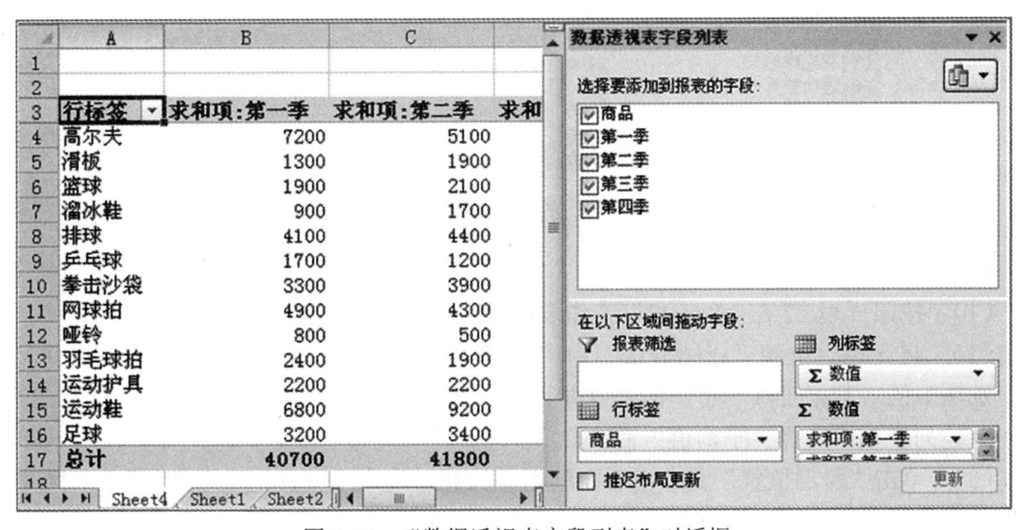

图 2-58　“数据透视表字段列表”对话框

（4） 选择单元格“B3”，单击“选项”选项卡的“活动字段”组中的“字段设置”按钮，打开“值字段设置”对话框。切换至“值汇总方式”选项卡，在“计算类型”列表框中选择“最大值”命令，如图 2-59 所示。

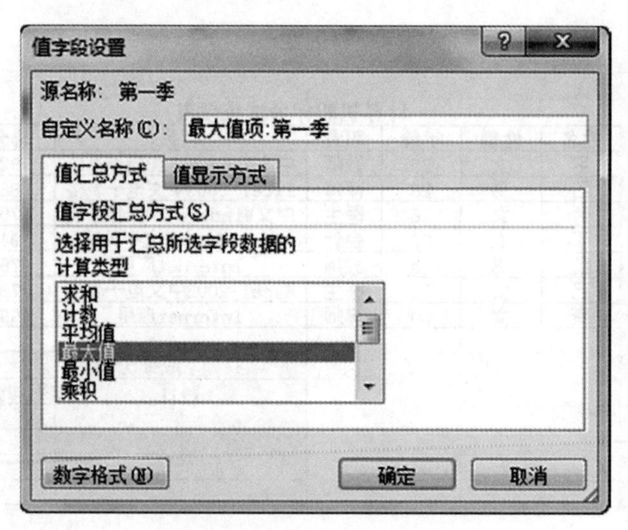

图 2-59　选择“最大值”命令

（5） 单击“确定”按钮，“第一季”的数据在总计项中显示最大值，如图 2-60 所示。

	A	B	C	D	E
1					
2					
3	行标签	最大值项:第一季	求和项:第二季	求和项:第三季	求和项:第
4	高尔夫	7200	5100	4200	
5	滑板	1300	1900	1500	
6	篮球	1900	2100	2400	
7	溜冰鞋	900	1700	1500	
8	排球	4100	4400	3500	
9	乒乓球	1700	1200	1100	
10	拳击沙袋	3300	3900	3600	
11	网球拍	4900	4300	5200	
12	哑铃	800	500	1200	
13	羽毛球拍	2400	1900	2200	
14	运动护具	2200	2200	2500	
15	运动鞋	6800	9200	8600	
16	足球	3200	3400	3100	
17	总计	7200	41800	40600	

图 2-60　“第一季”的数据在总计项中显示最大值

2. 数据合并计算。

（1） 按照样表 22 在“Sheet2”工作表中输入数据。

（2） 将光标定位到“成绩分析”中“科目”下方的单元格中，单击功能区中的“数据”选项卡的“数据工具”组中的“合并计算”按钮，打开“合并计算”对话框，在“函数”下拉列表框中选择“平均值”命令。

（3） 单击“引用位置”文本框后面的折叠按钮，选中“科目”和“总分”两列数据。单击折叠按钮返回“合并计算”对话框，单击“添加”按钮将选择的源数据添加到“所有引用位置”列表框中。

（4） 在“标签位置”选项组中选中“最左列”复选框，如图 2-61 所示。

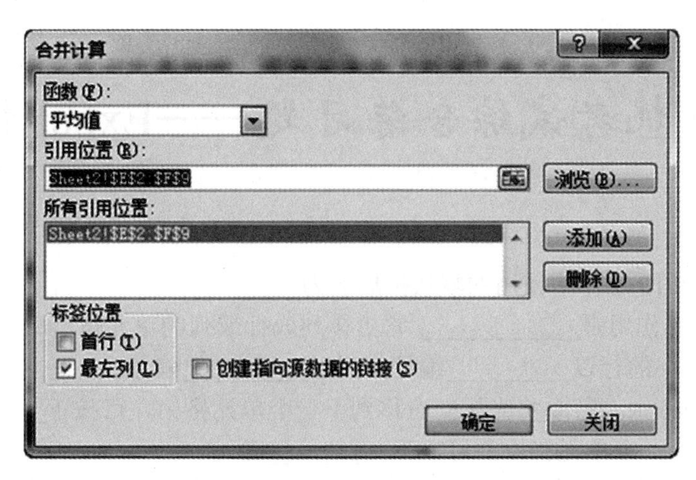

图 2-61　选中“最左列”复选框

（5） 单击“确定”按钮，返回工作表，完成效果如图 2-62 所示。

	A	B	C	D	E	F
1	计算机职称考试成绩表					
2	姓名	性别	年龄	职业	科目	总分
3	甲	女	25	教师	中文Windows XP操作系统	92
4	乙	男	28	律师	Excel 2003中文电子表格	86
5	丙	女	26	医生	中文Windows XP操作系统	75
6	丁	女	30	会计	Word 2003中文字处理	94
7	戊	男	45	教师	Internet应用	76
8	己	女	35	医生	Excel 2003中文电子表格	78
9	庚	女	30	律师	Internet应用	96
10						
11					成绩分析	
12					科目	平均分
13					中文Windows XP操作系统	83.5
14					Excel 2003中文电子表格	82
15					Word 2003中文字处理	94
16					Internet应用	86

图 2-62　完成效果

计算机考试综合练习题——Excel 模块

一、填空题

（1） Excel 2010 工作簿使用的默认扩展名为________。

（2）工作表的作用是__________，它由排列成行或列的单元格组成，也称为_______。

（3） 工作表中的行以________编号，列以________编号。

（4） 在 Excel 中，若要将光标向右移到下一个单元格中，可按下________键；若要将光标向下移到下一个单元格中，可按下________键。

（5） 如果 A1 单元格的内容为“＝A3*2”，A2 单元格为一个字符串，A3 单元格为数值 22，A4 单元格为空，则函数 COUNT(A1:A4)的值是________。

（6） 在 Excel 中，若活动单元格在 F 列 4 行，其引用的位置以________表示。

（7） 假设在 E6 单元格内输入公式＝E3+$C8，再把该公式复制到 A5 单元格，则在 A5 单元格中的公式实际是________；如果把该公式移到 A5 单元格，则在 A5 单元格中的公式实际上是________。

（8）如果在工作表中已经填写了内容，现在需要在 D 列和 E 列之间插入 3 个空白列，首先要选取的列名称是________。

（9） 在 Excel 中，若想输入当天日期，可以通过________键快速完成。

（10） 在 Excel 中，被选中的单元格称为________。

（11） 在 Excel 工作表中，如未特别设定格式，则文字数据会自动________对齐。

（12） 在工作表中若插入一列，这一列一定位于当前列的__________边；若插入一行，这一行一定位于当前行的__________边。

（13） 在输入公式时一定要先输入_________，然后输入_________。

（14） 在进行自动分类汇总之前，必须对数据清单进行________，并且数据清单的第 1 行中必须________。

（15） 在表格中填充数据时，可以使用记忆式输入法在________中自动填写重复录入项。

二、单项选择题

（1） 当直接启动 Excel 而不打开一个已有的工作簿文件时，Excel 主窗口中（　　）。

A. 没有任何工作簿窗口　　B. 自动打开最近一次处理过的工作簿

C. 自动打开一个空工作簿　　D. 询问是否打开最近一次处理的工作簿

（2） 选定需要输入数据的单元格后，输入相应数据。然后按下（　　）键，可在选定的多个单元格中同时输入相同的数据。

A. Ctrl+Enter　　B. Ctrl+Shift

C. Ctrl+Alt　　D. Alt+ Enter

（3） 如果一个工作簿中含有若干个工作表，在该工作簿的窗口中（　　）。

A. 只能显示其中一个工作表的内容
B. 只能同时显示其中 3 个工作表的内容
C. 能同时显示多个工作表的内容
D. 可同时显示内容的工作表数目由用户设定

（4） 在工作表中输入公式时，正确的格式是（　　）。
A. 5+2×3　　B. 5+2×3=
C. =5+2×3　　D. 以上都可以

（5） 要删除一个选中的单元格及其中的数据，可执行以下操作（　　）。
A. 按下 Del 键
B. 在“开始”选项卡中单击“单元格”组中的“删除”按钮
C. 在“开始”选项卡中单击“编辑”组中的“清除”按钮
D. 在“开始”选项卡中单击“剪贴板”组中的“剪切”按钮

（6） 在 Excel 中，所有数据的输入及计算都是通过（　　）来完成的。
A. 工作表　　B. 活动单元格
C. 文档　　D. 工作簿

（7） 在斜线表头中输入文字时，按下（　　）键可使文字在一个单元格中换为两行。
A. Enter　　B. Shift+Enter
C. Ctrl+ Enter　　D. Alt+ Enter

（8） Excel 2010 中工作簿的默认名是（　　）。
A. Book1　　B. Excel1　　C. Sheet1　　D. 工作簿 1

（9） Excel 2010 中工作表的默认名是（　　）。
A. 工作簿 2　　B. Book3　　C. Sheet4　　D. Document3

（10） 在 Excel 2010 中，不能在单元格中直接输入的常量类型是（　　）。
A. 字符型　　B. 数值型　　C. 备注型　　D. 日期型

（11）如果在工作表的 A5 单元格中存有数值 24.5，那么当在 B3 单元格中输入“=A5*3”后，默认情况下该单元格显示（　　）。
A. A53　　B. 73.5　　C. 3A5　　D. A5*3

（12） 在 C3 单元格中输入了数值 24，那么公式“=C3>=30”的值是（　　）。
A. 24　　B. 30　　C. −6　　D. FALSE

（13） 在输入公式时，必须以（　　）作为开始。
A. 等于号　　B. 数字　　C. 函数　　D. 运算符号

（14） 在对文本以及包含数字的文本按升序排序时，排在最后的是（　　）。
A. 数字　　B. 字符　　C. 文本　　D. 字母

（15） 如果想要将选定区域的每一行中的多个单元格合并成一个，应使用（　　）工具。
A. 合并单元格　　B. 合并后居中
C. 跨越合并　　D. 分别合并

三、多项选择题

（1） Excel 2010 特有的界面元素有（　　）。

A. 编辑栏　　B. 工作表标签
C. 行号、列号　　D. 大纲选项卡

（2） Excel 2010 可对数据进行（　　）排序。

A. 按升序　　B. 按降序
C. 单个字段　　D. 多个字段

（3） Excel 2010 数据填充功能具有按（　　）序列方式填充数据功能。

A. 等差　　B. 等比
C. 日期　　D. 自定义序列

（4） 在单元格中输完数据后，（　　）即可结束输入。

A. 按下“Enter”键　　B. 按下“Tab”键
C. 在工作表的其他位置单击　　D. 在活动单元格外任意位置单击

（5） 在 Excel 2010 中排序的依据有（　　）。

A. 数据　　B. 单元格颜色
C. 字体颜色　　D. 单元格图标

（6） （　　）都是自动筛选。

A. 按列表值筛选　　B. 按格式筛选
C. 按条件筛选　　D. 高级筛选

（7） 正确保存工作簿的方法是（　　）。

A. 单击快速访问工具栏中的“保存”按钮
B. 选择 Office 菜单中的“保存”命令
C. 按下“Ctrl＋S”组合键
D. 按下“Ctrl＋N”组合键

（8） 想要编辑单元格内的数据，可行的方法是（　　）。

A. 直接双击目标单元格　　B. 按下“F4”键
C. 直接用鼠标选中目标单元格　　D. 选中目标单元格后再单击编辑栏

（9） 字符型数据包括（　　）。

A. 汉字　　B. 英文字母
C. 数字　　D. 空格及键盘能输入的其他符号

（10） 函数的组成部分有（　　），即函数名称、括号和参数。

A. 等于号　　B. 函数名称
C. 括号　　D. 参数

（11） Excel 提供的函数包括（　　）函数等。

A. 日期与时间　　B. 逻辑
C. 查找与引用　　D. 财务

（12） 以下运算可以直接用“开始”选项卡中的工具得出（　　）。

A. 求和　　B. 计算平均值　　C. 计数和统计　　D. 引用

（13） 公式可以包括的内容有（　　）。

A. 函数　　B. 运算符

C. 常量　　D. 引用

（14） 在按指定条件筛选时，数字数据和时间日期数据都可以指定的筛选数据有（　　）。

A. 等于　　B. 不等于

C. 介于　　D. 包含

（15）（　　）属于“单元格格式”对话框中的内容。

A. 数字　　B. 字体

C. 保护　　D. 对齐

E. 边框　　F. 图案

四、判断题

（1） Excel 工作表的顺序和表名可由用户指定。（　　）

（2） 删除单元格的操作只能清除单元格中的信息，而不能清除单元格本身。（　　）

（3） 在 Excel 公式中可以对单元格或单元格区域进行引用。（　　）

（4） “分类汇总”指将表格的数据按照某一个字段的值进行分类，再按这些类别求和及平均值等。（　　）

（5） Excel 2010 的图表建立有两种方式，即：在原工作表中嵌入图表，以及在新工作表中生成图表。（　　）

（6） 任一时刻所操作的单元称为“当前单元格”，又称为“活动单元格”。（　　）

（7） 默认情况下新建的工作簿中只包含 3 个工作表，可以在“Excel 选项”对话框中更改工作簿中所包含的工作表数。（　　）

（8） 如果要删除某个区域的内容，可以先选定要删除的区域，然后按下“Delete”键或“BackSpace”键。（　　）

（9） 默认情况下，工作表以“Sheet1”“Sheet2”“Sheet3”命名，且不能改名。（　　）

（10） 按下“Ctrl+S”组合键可以保存工作簿。（　　）

（11） 在某单元格中单击即可选中此单元格，被选中的单元格边框以黑色粗线条突出显示，且行、列号以高亮显示。（　　）

（12） 数值型数据只能进行加、减、乘、除和乘方运算。（　　）

（13） 执行“粘贴”操作时，只能粘贴单元格的数据，不能粘贴格式、公式和批注等其他信息。（　　）

（14） Excel 2010 工作表的基本组成单位是单元格，用户可以在其中输入数据、文本、公式，还可以插入小型图片等。（　　）

（15） 在 Excel 中进行筛选时，第 2 次筛选将在第 1 次筛选的基础上进行，而不是在全部数据中进行筛选。（　　）

模块3

演示文稿PowerPoint的应用

实践一　创建和修饰演示文稿

扫一扫微课视频
任务一

扫一扫微课视频
任务二

扫一扫微课视频
任务三

实践目的：

- 掌握PowerPoint的启动和退出方法。
- 掌握创建演示文稿的操作方法。
- 掌握设置文字格式和复制文本内容的方法。
- 掌握艺术字、自选图形等内置对象的插入和编辑方法。
- 掌握在幻灯片中插入图片、表格等对象的操作。
- 了解幻灯片的视图切换方法。

 任务一　创建“中华美食.pptx”作品

实践要求：

创建一个新演示文稿，要求如下。

1. 共有 4 张不同版式的幻灯片，第 1 张为“标题幻灯片”版式，第 2 张为“标题和内容”版式，第 3 张为“两栏内容”版式，第 4 张为“内容与标题”版式。

2. 保存为“中华美食.pptx”。

演示文稿样式如图 3-1 所示。

图 3-1　演示文稿样式

实践步骤：

1. 创建演示文稿。

（1） 启动 PowerPoint 2010：单击“开始”|“所有程序”|“Microsoft Office”|“Microsoft PowerPoint 2010”命令，启动后自动创建一个标题版式空白演示文稿，如图 3-2 所示。

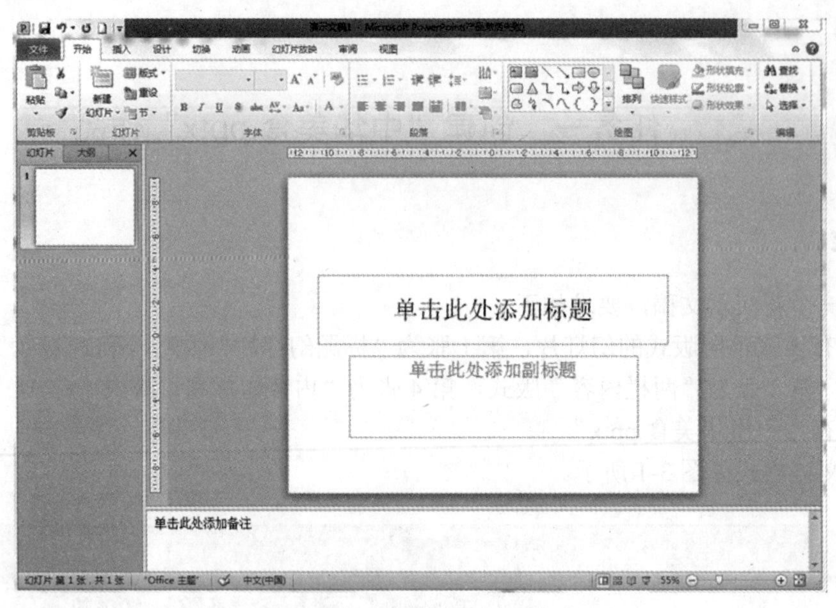

图 3-2　标题版式空白演示文稿

（2） 单击“开始”选项卡的“幻灯片”组中的“新建幻灯片”按钮，自动插入版式为“标题和内容”的幻灯片。

（3） 单击“开始”选项卡的“幻灯片”组中的“新建幻灯片”按钮下方的下拉按钮，从弹出的面板中选择“两栏内容”版式，插入第 3 张幻灯片，如图 3-3 所示。

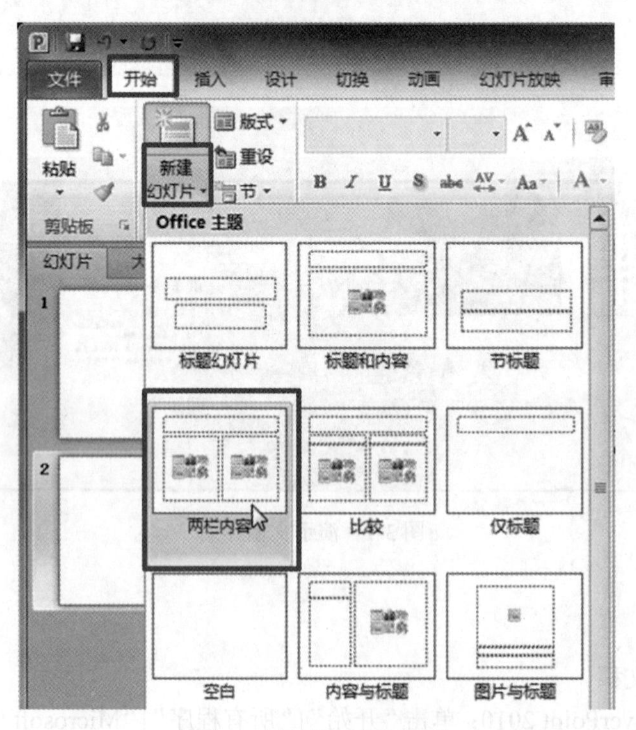

图 3-3　插入第 3 张幻灯片

（4） 单击“开始”选项卡的“幻灯片”组中的“新建幻灯片”按钮，插入第 4 张幻灯片。然后单击“开始”选项卡的“幻灯片”组中的“版式”按钮，从弹出的菜单中选择“内容与标题”命令，如图 3-4 所示。

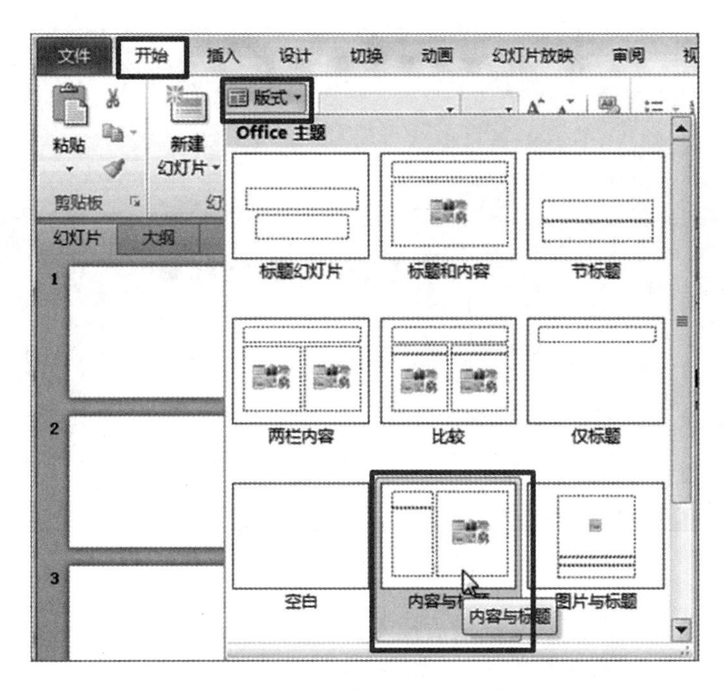

图 3-4　“内容与标题”命令

2. 保存演示文稿。

单击快速访问工具栏中的“保存”按钮，保存更改。

任务二　设置主题和背景

实践要求：

打开“中华美食.pptx”演示文稿，执行以下操作。

1. 应用主题背景：应用“气流”主题，并更改主题颜色（极目远眺）和字体（行云流水），如图 3-5 所示。

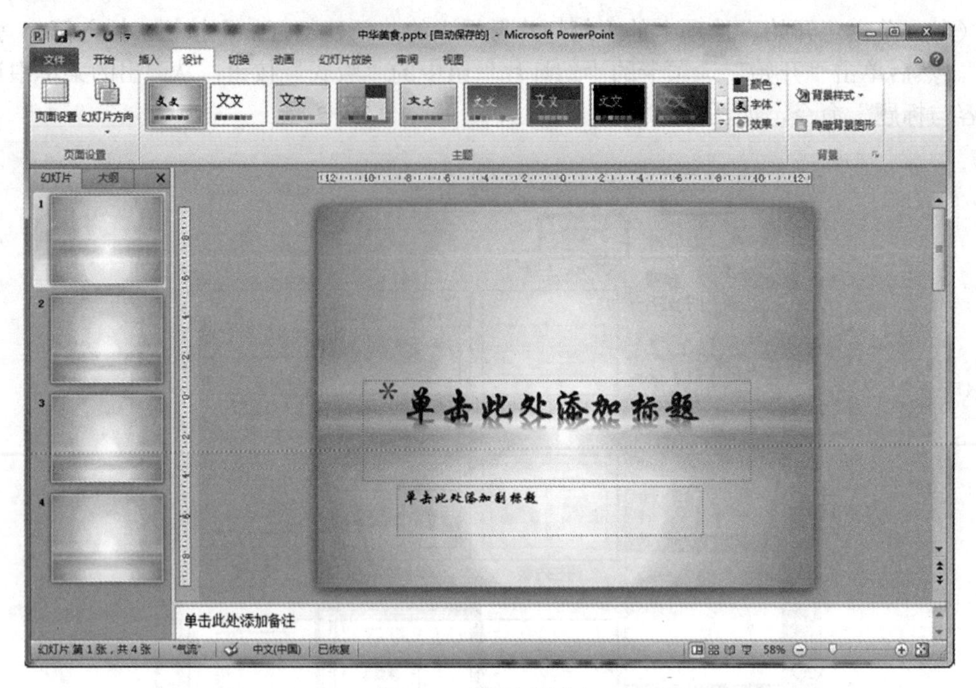

图 3-5　应用主题背景

2. 应用图片背景：在演示文稿最后插入一张新幻灯片（空白版式），为其单独应用图片背景“PowerPoint 素材\背景 2.jpg”，如图 3-6 所示。

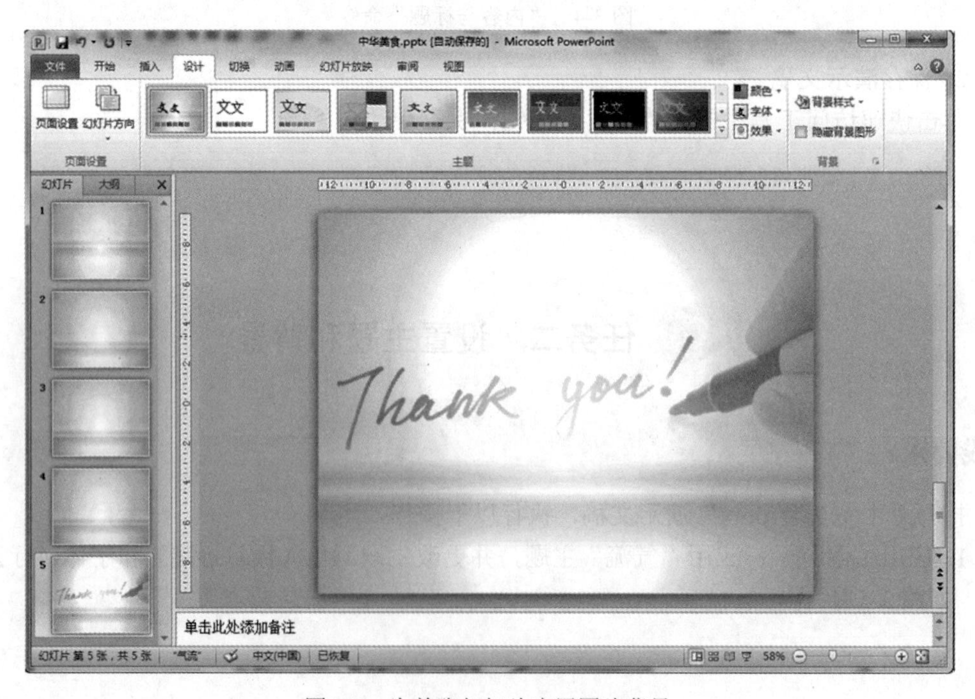

图 3-6　为单张幻灯片应用图片背景

实践步骤：

1. 应用主题背景。

（1） 应用主题：展开“设计”选项卡中的主题样式库，单击“气流”图标，如图 3-7 所示。

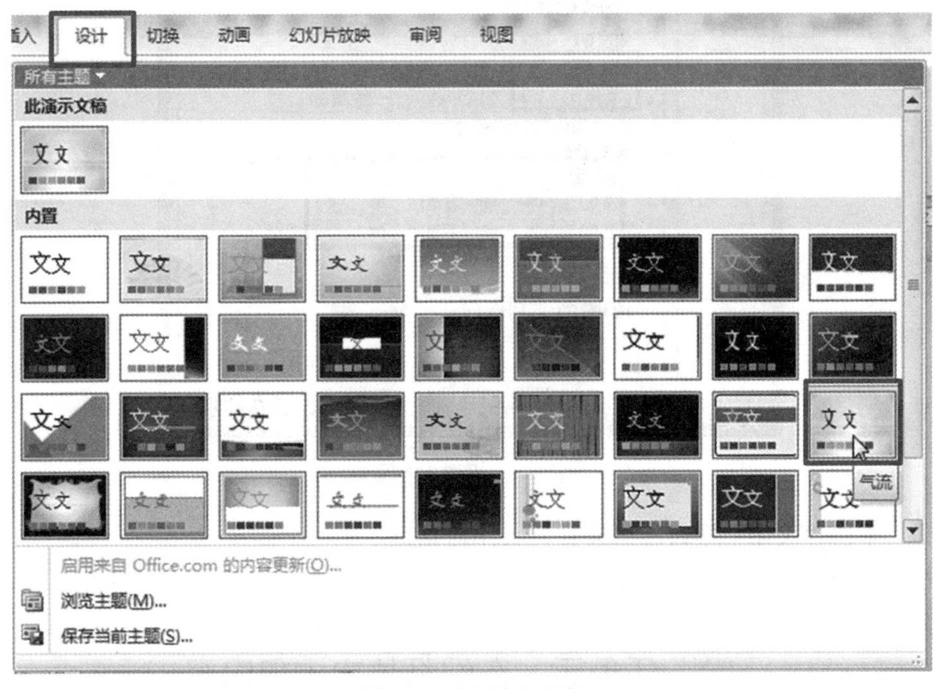

图 3-7　“气流”图标

（2） 修改主题颜色：单击“设计”选项卡的“主题”组中的“颜色”按钮，从弹出的面板中选择“极目远眺”方案。

（3） 修改主题文本字体：单击“设计”选项卡的“主题”组中的“字体”按钮，从弹出的面板中选择“行云流水”方案。

2. 应用图片背景。

（1） 在窗口左侧的幻灯片窗格中单击最后一张幻灯片，单击“开始”选项卡的“幻灯片”组中的“新建幻灯片”按钮下方的下拉按钮。从弹出的面板中选择“空白”版式，插入一张空白版式的新幻灯片。

（2） 单击“设计”选项卡的“背景”组中的“背景样式”按钮，从弹出的面板中选择“设置背景格式”命令打开“设置背景格式”对话框，在“填充”选项卡中选中“图片或纹理填充”单选按钮。

（3） 单击“文件”按钮，从弹出的对话框中选择“PowerPoint 素材\背景 2.jpg”文件。单击“插入”按钮，返回“设置背景格式”对话框。

（4） 将“偏移量”选项组中的“上”“下”“左”“右”值均设置为“.0%”，如图 3-8 所示。

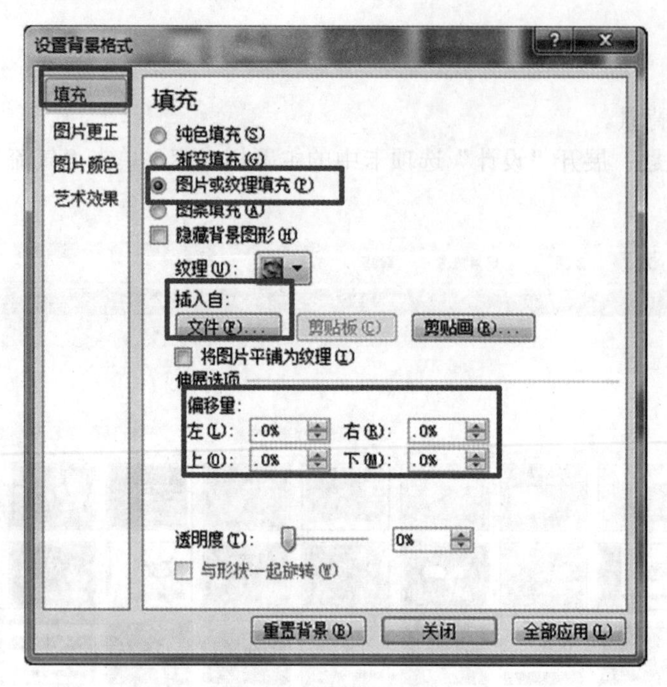

图 3-8 设置偏移量

（5） 单击“关闭”按钮应用设置并关闭对话框。

任务三 在幻灯片中添加内容

实践要求：

打开“中华美食.pptx”演示文稿，根据所给素材执行以下操作。

1. 在第 1 张幻灯片中添加标题“中华美食”和副标题“舌尖上的中国”。

2. 在第 2 张幻灯片中添加标题“四大菜系”，并打开“PowerPoint 素材\中华美食.docx”文档，将“四大菜系”标题下面的正文内容复制到文本占位符中。

3. 在第 3 张幻灯片中添加标题“美食传说”，并将“PowerPoint 素材\中华美食.docx”文档中“美食传说”标题下的正文文本复制到左侧的内容占位符中，将“PowerPoint 素材\老婆饼.jpg”图片文件插入到右侧的内容占位符中。

4. 在第 4 张幻灯片中添加标题“一起做美食”，并将“PowerPoint 素材\中华美食.docx”文档中“一起做美食”标题下的“可乐鸡翅”及其正文文本复制到左侧的内容占位符中，将“PowerPoint 素材\可乐鸡翅.jpg”图片文件插入到右侧的内容占位符中。

样稿如图 3-9 所示。

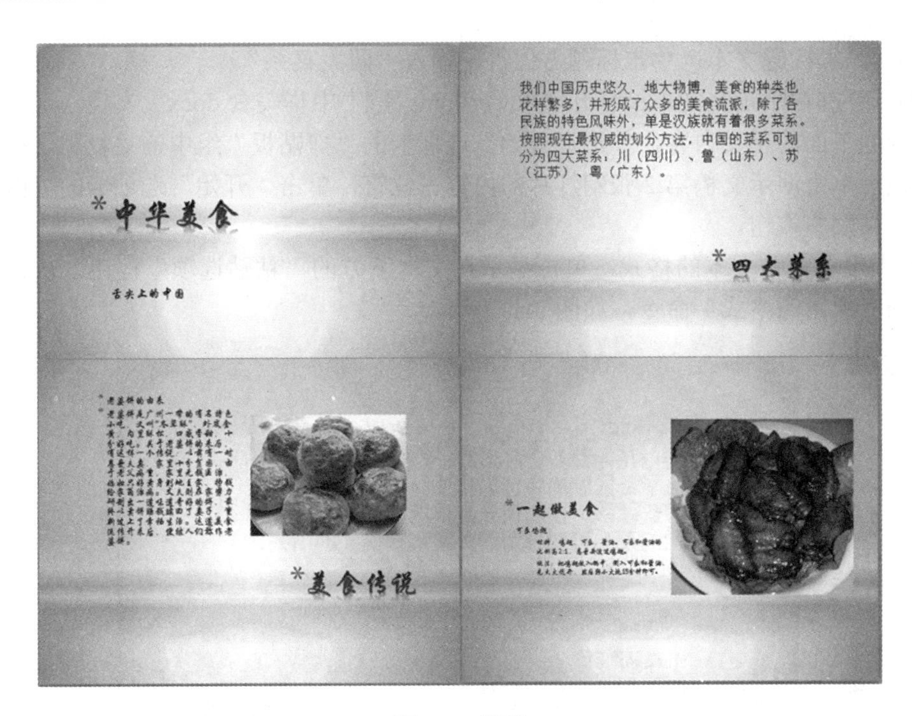

图 3-9　样稿

实践步骤：

1. 第 1 张幻灯片。

（1） 添加标题文本：打开“中华美食.pptx”演示文稿，单击第 1 张幻灯片的标题占位符，输入“中华美食”。

（2） 添加副标题文本：单击副标题占位符，输入“舌尖上的美食”。

2. 第 2 张幻灯片。

（1） 在幻灯片之间切换：在幻灯片窗格中单击第 2 张幻灯片的缩略图，在编辑窗格中显示第 2 张幻灯片，如图 3-10 所示。

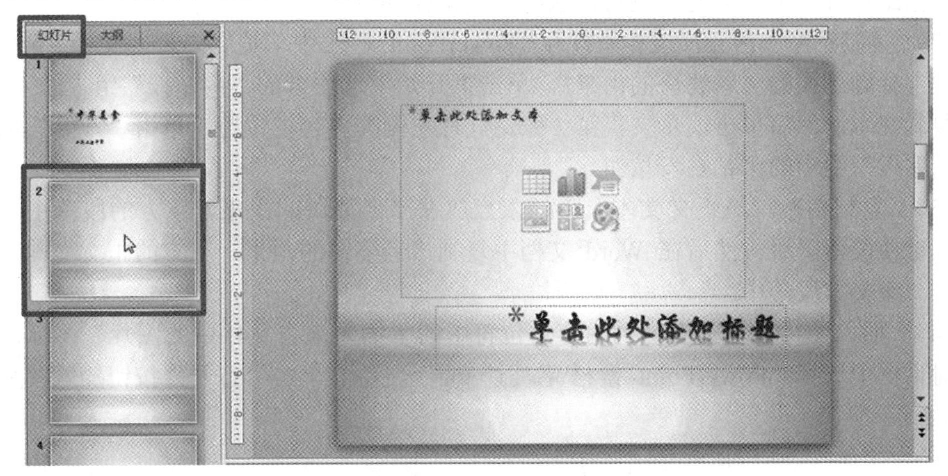

图 3-10　第 2 张幻灯片

（2） 添加标题文本：单击标题占位符，输入“四大菜系”。

（3） 复制粘贴正文文本：打开“PowerPoint 素材\中华美食.docx”文档，选择“四大菜系”标题下面的正文内容，单击“开始”选项卡的“剪贴板”组中的“复制”按钮复制文本。然后单击演示文稿第 2 张幻灯片的内容占位符，单击“开始”选项卡的“剪贴板”组中的“粘贴”按钮。

（4） 设置粘贴文本的格式：单击显示在文本下方的“粘贴选项”按钮，从弹出的菜单中选择“保留源格式”命令，如图 3-11 所示。

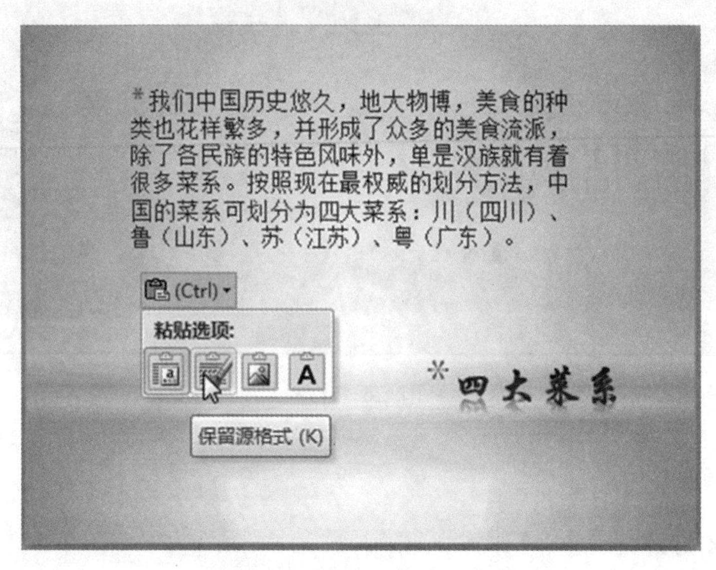

图 3-11 “保留源格式”命令

（5） 删除项目符号：单击正文开始处，定位插入点，按下“BackSpace”键删除项目符号。

3. 第 3 张幻灯片。

（1） 添加标题文本：在幻灯片窗格中单击第 3 张幻灯片的缩略图，在编辑窗格中显示第 3 张幻灯片。单击标题占位符，输入“美食传说”。

（2） 复制粘贴一级正文文本：打开“PowerPoint 素材\中华美食.docx”文档，选择“美食传说”标题下面的“老婆饼的由来”，单击“开始”选项卡的“剪贴板”组中的“复制”按钮复制文本，然后单击演示文稿第 3 张幻灯片左侧的内容占位符，单击“开始”选项卡的“剪贴板”组中的“粘贴”按钮。

（3） 复制粘贴二级正文文本：将插入点放在“老婆饼的由来”下方的段落中，按下“Tab”键使段落降级。然后在 Word 文档中复制“老婆饼的由来”下方的正文文本，将其粘贴到二级文本段落中。

（4） 插入图片：单击右侧的内容占位符中的“插入来自文件中的图片”图标，从弹出的对话框中选择“PowerPoint 素材\老婆饼.jpg”文件，单击“打开”按钮插入图片，如图 3-12 所示。

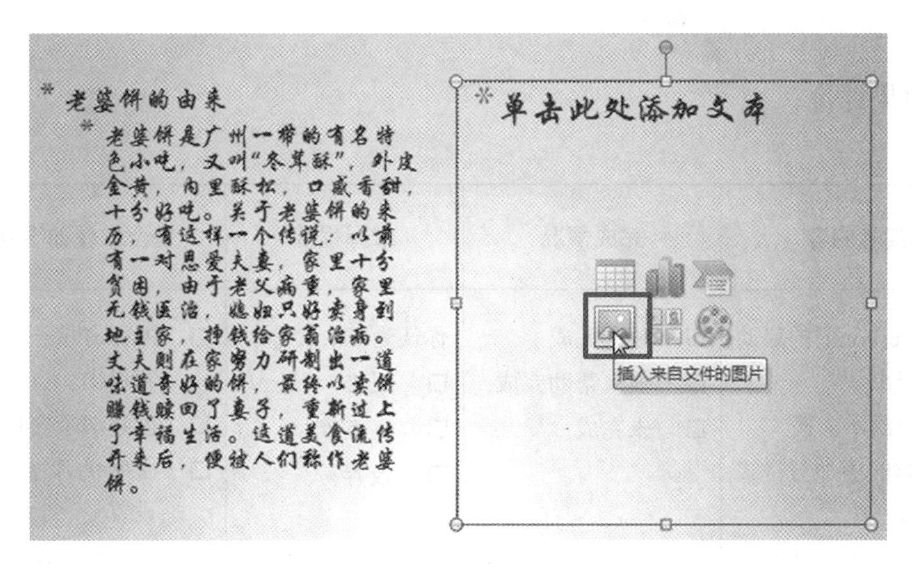

图 3-12　插入图片

4. 第 4 张幻灯片。

（1） 添加标题文本：在幻灯片窗格中单击第 4 张幻灯片的缩略图，在编辑窗格中显示第 4 张幻灯片。单击标题占位符，输入"一起做美食"。

（2） 复制粘贴一级正文文本：打开"PowerPoint 素材\中华美食.docx"文档，选择"一起做美食"标题下的"可乐鸡翅"，单击"开始"选项卡的"剪贴板"组中的"复制"按钮复制文本。然后单击演示文稿第 3 张幻灯片左侧的内容占位符，单击"开始"选项卡的"剪贴板"组中的"粘贴"按钮。

（3） 复制粘贴二级正文文本：将插入点放在"可乐鸡翅"下方的段落中，然后在 Word 文档中复制"可乐鸡翅"下方的正文文本，将其粘贴到二级文本段落中。

（4） 提高列表级别：选中"材料"和"做法"段落，单击"开始"选项卡的"段落"组中的"提高列表级别"按钮，如图 3-13 所示。

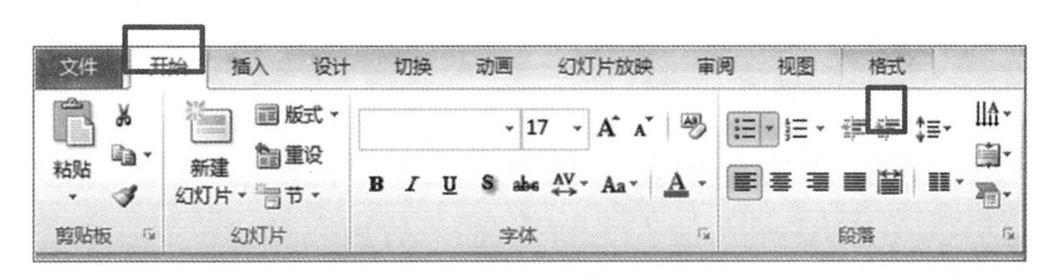

图 3-13　"提高列表级别"按钮

（5） 插入图片：单击右侧的内容占位符中的"插入来自文件中的图片"图标，从弹出的对话框中选择"PowerPoint 素材\可乐鸡翅.jpg"文件，单击"打开"按钮插入图片。

实验效果评价：

实验内容	完成情况	掌握程度	是否掌握如下操作
1. PowerPoint 的启动和退出 2. 创建演示文稿 3. 文本的添加与格式设置 4. 插入和编辑对象 5. 幻灯片的视图切换	□ 独立完成 □ 他人帮助完成 □ 未完成	你认为本次实验 □ 很难 □ 有点难 □ 较容易	□ PowerPoint 的启动和退出 □ 创建演示文稿 □ 文本的添加与格式设置 □ 插入和编辑对象 □ 幻灯片的视图切换

本次上机成绩________________

实践二　插入和编辑对象、播放演示文稿

扫一扫微课视频
任务一

扫一扫微课视频
任务二

扫一扫微课视频
任务三

实验目的：

◆　掌握插入和编辑视频、音乐、艺术字等对象的方法。
◆　掌握为幻灯片中的对象设置动画效果的方法。
◆　掌握幻灯片放映的切换方法。

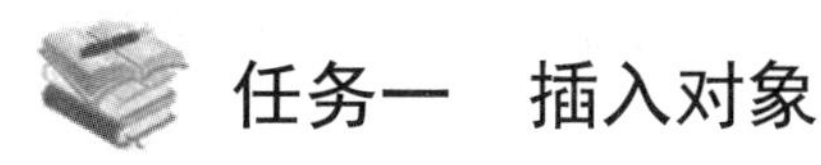

任务一　插入对象

实践要求：

打开“中华美食.pptx”演示文稿，执行以下操作。

1. 添加背景音乐“PowerPoint 素材\背景音乐.mp3”。

提示：mp3、wav、wma 等多种格式可用做背景音乐。

2. 在最后一张幻灯片中添加艺术字，效果如图 3-14 所示。

图 3-14　添加艺术字的效果

3. 在第 2 张幻灯片中插入视频“PowerPoint 素材\美食.wmv”。

提示：一般可以插入 wmv、mpg、Flv、mpeg-1（VCD 格式）、AVI 等。wmv 视频可以直接粘贴到幻灯片中，并可以调整窗口大小。

实践步骤：

1. 在幻灯片中添加背景音乐。

（1） 在编辑窗格中显示第 1 张幻灯片，单击“插入”选项卡的“媒体”组中的“音频”按钮下方的下拉按钮。从弹出的菜单中选择“文件中的音频”命令，打开“插入音频”对话框。选择“PowerPoint 素材\背景音乐.mp3”文件，单击“插入”按钮。

（2） 移动音频图标：选中显示在幻灯片中央的音频图标，将其拖动到合适位置。

（3） 在“播放”选项卡的“音频选项”组中的“开始”下拉列表框中选择“跨幻灯片播放”命令，并选中“放映时隐藏”和“循环播放，直到停止”两个复选框。设置音频选项如图 3-15 所示。

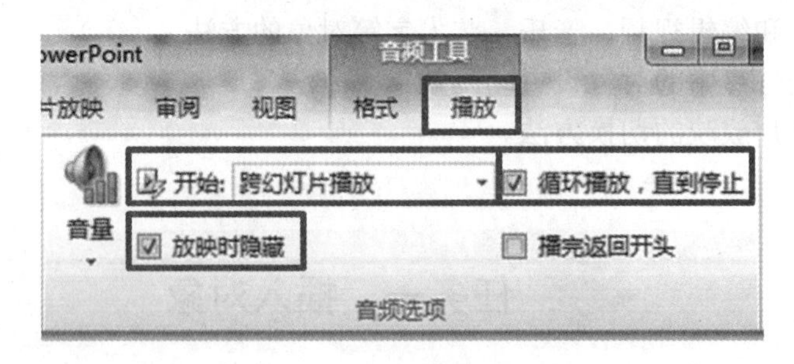

图 3-15　设置音频选项

2. 在幻灯片中使用艺术字。

（1） 插入艺术字：在幻灯片窗格中单击最后一张幻灯片缩略图，切换到该幻灯片。单击“插入”选项卡的“文本”组中的“艺术字”按钮，从弹出的菜单中选择“填充-金色，文本 2，轮廓背景 2”样式插入艺术字占位符，输入“谢谢观赏”。

（2） 设置艺术字文字格式：选择艺术字文本，单击“格式”选项卡的“艺术字样式”组中的“文本填充”按钮，从弹出的面板中选择红色。

（3） 设置艺术字文本大小：选择艺术字文本，单击“开始”选项卡的“字体”组中的“字号”下拉按钮，从弹出的下拉面板中选择“96”。

3. 在幻灯片中插入视频。

（1） 切换到第 2 张幻灯片，单击“插入”选项卡的“媒体”组中的“视频”按钮下方的下拉按钮。从弹出的菜单中选择“文件中的视频”命令，打开“插入视频文件”对话框。选择“PowerPoint 素材\美食.wmv”文件，单击“插入”按钮插入视频。

（2） 拖动视频边框上的控制点调整视频框到合适大小。

（3） 单击工具栏中的“播放/暂停”按钮查看视频播放效果，如图 3-16 所示。

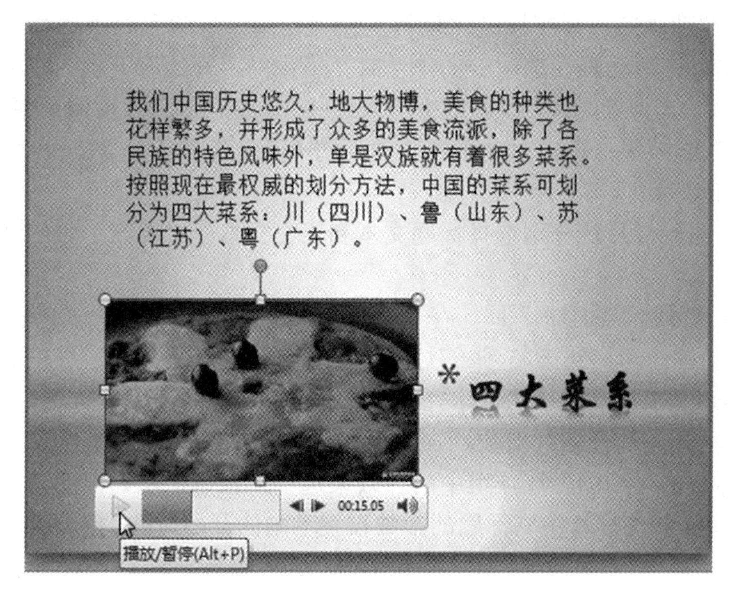

图 3-16　查看视频播放效果

任务二　设置动画效果

实践要求：

打开“中华美食.pptx”演示文稿，设置幻灯片中对象的自定义动画效果，要求如下：

1. 为文本对象添加淡出效果。
2. 为图片对象添加飞入效果。

实践步骤：

1. 第 1 张幻灯片。

（1） 标题动画：在第 1 张幻灯片中选择标题占位符，在“动画”选项卡的“动画”样式列表中选择“淡出”效果。在“动画”选项卡的“计时”组中的“开始”下拉列表框中选择“单击时”，在“持续时间”微调框中输入“00.50”，在“延迟”微调框中输入“00.50”。设置标题文本的动画效果，如图 3-17 所示。

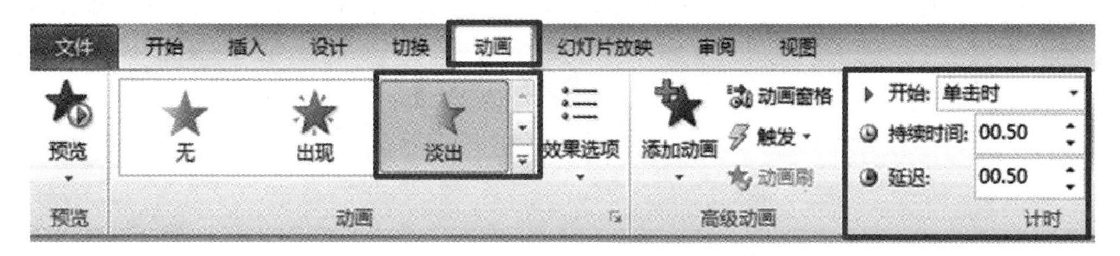

图 3-17　标题文本的动画效果

（2） 副标题动画：选择副标题占位符，在“动画”选项卡的“动画”样式列表中选择“淡出”效果，在“动画”选项卡的“计时”组中的“开始”下拉列表框中选择“上一动画之后”命令，在“持续时间”微调框中输入“00.50”，在“延迟”微调框中输入“00.50”。

（3） 预览动画效果：单击“动画”选项卡的“预览”按钮观看动画效果。

2. 第 2 张幻灯片。

切换到第 2 张幻灯片，分别选择标题文本和正文文本，参照第 1 张幻灯片中副标题的参数设置动画效果。

3. 第 3 张幻灯片。

（1） 文本动画：切换到第 3 张幻灯片，分别选择标题文本、一级正文文本和二级正文文本，参照第 1 张幻灯片中副标题的参数设置动画效果。

（2） 图片动画：选择图片对象，在“动画”选项卡的“动画”样式列表中选择“飞入”效果。然后单击“动画”选项组中的“效果选项”按钮，从弹出的菜单中选择“自顶部”命令。参照第 1 张幻灯片中副标题的参数设置动画的开始时间、持续时间和延迟时间，如图 3-18 所示。

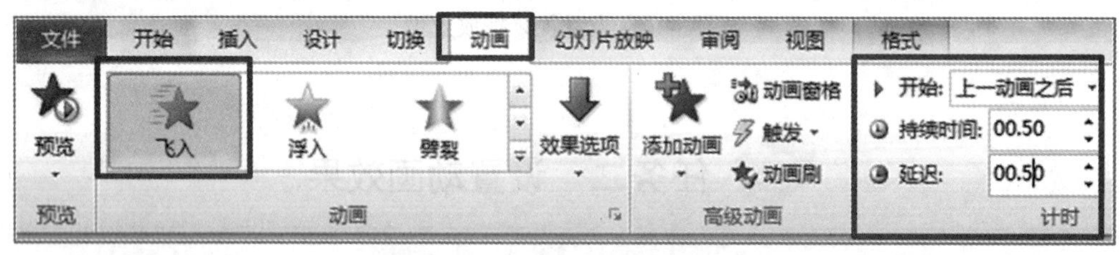

图 3-18 设置图片的动画效果

4. 第 4 张幻灯片。

切换到第 4 张幻灯片，参照前几张幻灯片中文本和图片的参数设置对象的动画效果。

5. 第 5 张幻灯片。

切换到第 5 张幻灯片，选择艺术字。在“动画”选项卡的“动画”样式列表中选择“浮入”效果，在“动画”选项卡的“计时”组中的“开始”下拉列表框中选择“上一动画之后”命令，在“持续时间”微调框中输入“01.00”，在“延迟”微调框中输入“00.50”。设置艺术字的动画效果，如图 3-19 所示。

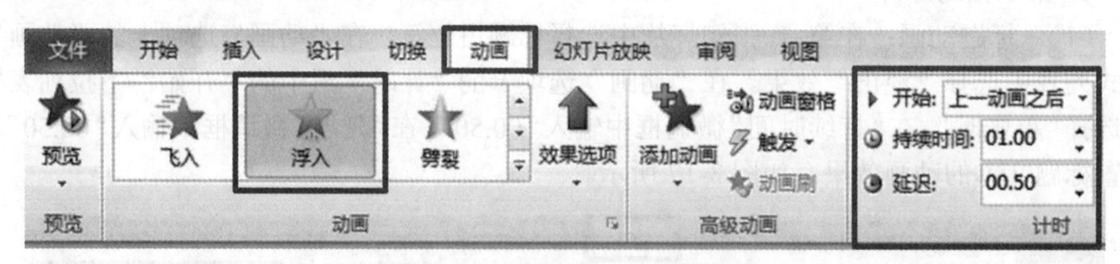

图 3-19 艺术字的动画效果

任务三　设置幻灯片切换效果

实践要求：

打开“中华美食.pptx”演示文稿，切换到幻灯片浏览视图，为幻灯片添加随机切换效果。

实践步骤：

1. 切换视图。

单击状态栏中的“幻灯片浏览”图标，切换到幻灯片浏览视图，如图 3-20 所示。

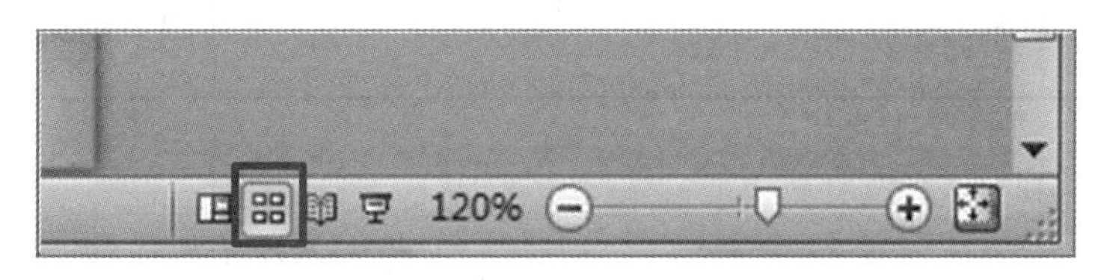

图 3-20　幻灯片浏览视图

2. 设置切换动画。

（1） 在“切换”选项卡的“切换到此幻灯片”样式列表中选择“推进”效果。

（2） 单击“切换”选项卡的“切换到此幻灯片”组中的“效果选项”按钮，从弹出的菜单中选择“自左侧”命令。

（3） 在“声音”下拉列表框中选择“推动”命令。

（4） 在“切换”选项卡的“计时”组中的“换片方式”选项组中选中“单击鼠标时”复选框。

（5） 选中所有幻灯片，单击“全部应用”按钮。设置幻灯片切换效果，如图 3-21 所示。

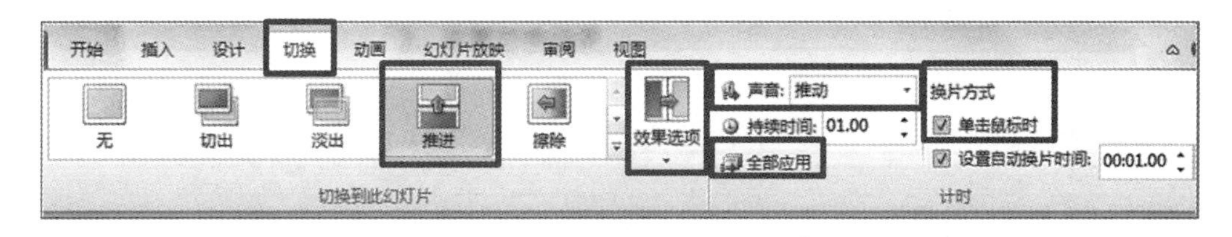

图 3-21　设置幻灯片切换效果

3. 预览动画效果。

选择第 1 张幻灯片，单击状态栏中的“幻灯片放映”按钮，从头预览幻灯片的动画效果。

实验效果评价：

实验内容	完成情况	掌握程度	是否掌握如下操作
1. 插入和编辑视频、音乐、艺术字等对象 2. 设置幻灯片中对象的动画效果 3. 设置动画切换效果 4. 浏览和放映幻灯片	□ 独立完成 □ 他人帮助完成 □ 未完成	你认为本次实验 □ 很难 □ 有点难 □ 较容易	□ 插入和编辑视频、音乐、艺术字等对象 □ 设置幻灯片中对象的动画效果 □ 设置动画切换效果 □ 浏览和放映幻灯片

本次上机成绩______________

综合实践一　个人简历

扫一扫微课视频
任务一

扫一扫微课视频
任务二

 任务一　制作“个人简历.pptx”作品

实践要求：

教师播放“个人简历”演示文稿，然后根据教师所给素材，按样稿创建演示文稿。共计 6 张幻灯片（第 1 张为“标题幻灯片”版式，其余为“标题和内容”版式），保存为“个人简历.pptx”。样稿如图 3-22 所示。

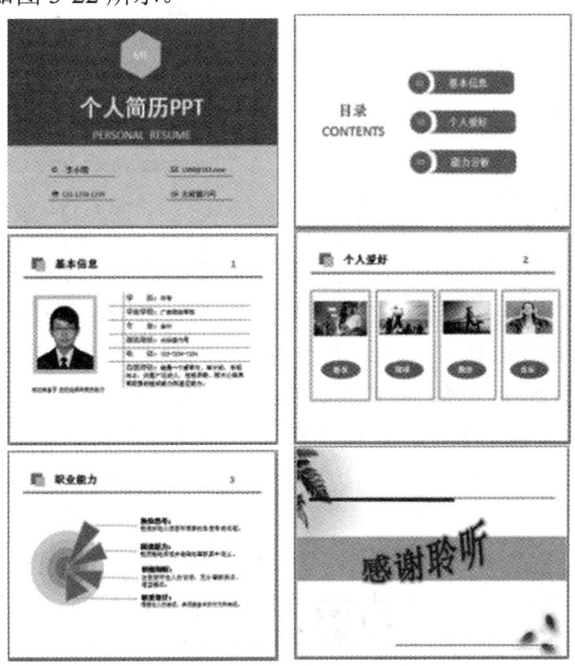

图 3-22　个人简历样稿

实践方法提示：

1. 创建和保存演示文稿。

（1） 单击“开始”按钮，指向“所有程序”，从弹出的菜单中选择“Microsoft Office”|“Microsoft PowerPoint 2010”命令，启动 PowerPoint 2010。

（2） 单击“开始”选项卡的“幻灯片”组中的“新建幻灯片”按钮，插入 5 张“标题和内容”版式的新幻灯片。

（3） 单击快速访问工具栏中的“保存”按钮，在打开的对话框中输入文件名“个人简历”，单击“保存”按钮。

2. 制作第 1 张幻灯片。

（1） 切换到第 1 张幻灯片，单击“插入”选项卡的“插图”组中的“形状”按钮，从弹出的面板中选择矩形形状，在幻灯片上半部拖动绘制一个矩形。

（2） 选择矩形，单击“格式”选项卡的“形状样式”组中的“形状填充”按钮，从弹出的菜单中选择“其他填充颜色”命令，打开“颜色”对话框。切换到“自定义”选项卡，在“颜色模式”下拉列表框中选择“RGB”，然后在“红色”微调框中输入“75”，在“绿色”微调框中输入“120”，在“蓝色”微调框中输入“60”，如图 3-23 所示。单击“确定”按钮应用设置。

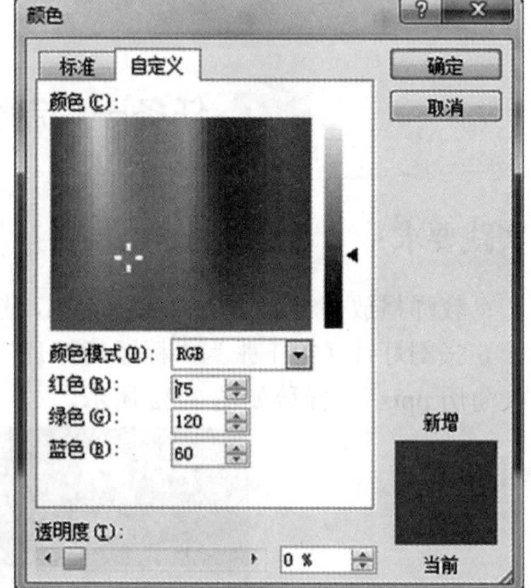

图 3-23　设置形状填充颜色

（3） 单击“格式”选项卡的“形状样式”组中的“形状轮廓”按钮，从弹出的菜单中选择“其他轮廓颜色”命令，打开“颜色”对话框。切换到“自定义”选项卡，在“颜色模式”下拉列表框中选择“RGB”，然后在“红色”微调框中输入“75”，在“绿色”微调框中输入“120”，在“蓝色”微调框中输入“60”。

（4） 单击“插入”选项卡的“插图”组中的“形状”按钮，从弹出的面板中选择矩形形状，在幻灯片下半部拖动绘制一个矩形。单击“格式”选项卡的“形状样式”组中的“形状填充”按钮，从弹出的面板中选择“橄榄色，强调文字颜色 3，淡色 60%”，再单击“格式”选项卡的“形状样式”组中的“形状轮廓”按钮，从弹出的面板中选择“橄榄色，强调文字颜色 3，淡色 60%”。

（5） 单击“插入”选项卡的“插图”组中的“形状”按钮，从弹出的面板中选择六边形形状⬡。在幻灯片上方绘制一个六边形，将其调整到合适位置大小，并拖动绿色旋转柄旋转形状。

（6） 单击“插入”选项卡的“插图”组中的“文本框”按钮，从弹出的面板中选择“横排文本框”命令，在棱形中央绘制一个文本框，输入“ME”。选择“ME”，在“开始”选项卡的“字体”组中的“字号”下拉列表框中选择“32”。单击“字体”组中的“字体颜色”按钮，从弹出的面板中选择“白色”。

（7） 参照上一步在六边形下方绘制两个文本框，分别输入“个人简历 PPT”和“PERSONAL　RESUME”，使用字体工具将“个人简历 PPT”的字体格式设置为 60 磅、黑体字；将“PERSONAL　RESUME”设置为 32 磅大小，单击“开始”选项卡的“段落”组中的“居中”按钮使文本在文本框中居中对齐。

（8） 在幻灯片下半部绘制四个小文框，分别输入“☺ 李小明”“✉　LXM@163.com”“☏　123-1234-1234”“🖃　大岭路 75 号”，设置其颜色为“橄榄色，强调文字 3，深色 50%”，加粗。围绕 4 个文本框绘制一个矩形，设置为无轮廓和无填充。使用对齐工具分别使左边的两个文本框与矩形左边框对齐，右边的两个文本框与矩形右边框对齐，如图 3-24 所示。

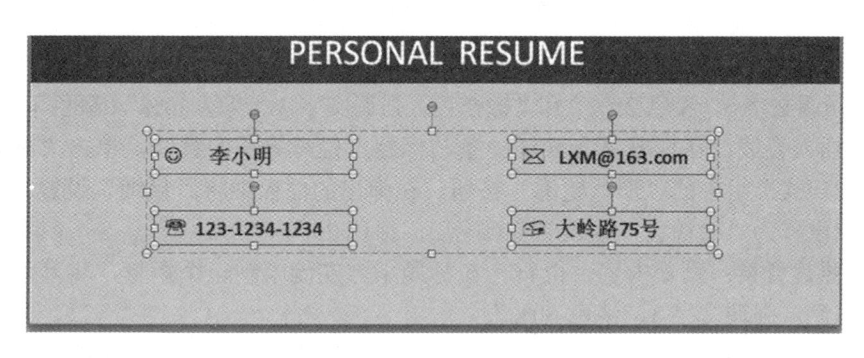

图 3-24　绘制和排列文本框

（9） 单击“插入”选项卡的“插图”组中的“形状”按钮，从弹出的面板中选择直线形状，在 4 行文字下方分别绘制一条直线。

3. 制作第 2 张幻灯片。

（1） 切换到第 2 张幻灯片，删除原有的占位符。在幻灯片左侧绘制一个文本框，输入“目录↙CONTENT”，将其设置为 36 磅大小，颜色为“橄榄色，强调文字 3，深色 50%”，其中“目录”两字加粗。选择文字，单击“开始”选项卡的“段落”组中的“居中”按钮使之在文本框中居中对齐。

（2） 在“插入”选项卡的“插图”组中的“形状”下拉面板中选择“椭圆”⬭，按住“Shift”键拖动。在幻灯片中央位置从上至下绘制 3 个圆形，设置其轮廓和填充颜色为“橄榄色，强调文字 3，深色 25%”。分别用鼠标右键单击 3 个图形，从弹出的菜单中选择“编辑文字”按钮，输入“01”“02”“03”，如图 3-25 所示。

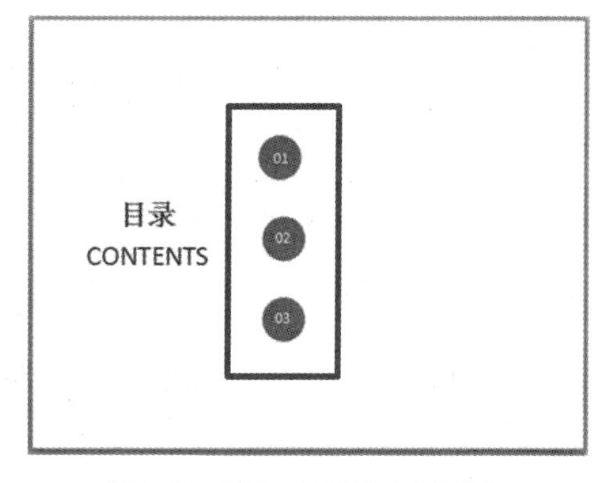

图 3-25　输入“01”“02”“03”

（3） 在 3 个圆形右侧分别绘制“流程图:库存数据”形状，单击“格式”选项卡的“排列”组中的“旋转”按钮，从弹出的菜单中选择“水平翻转”命令翻转图形。用鼠标右键单击图形，从弹出的快捷菜单中选择“编辑文字”按钮，分别在 3 个图形中输入“基本信息”“个人爱好”“能力分析”。

4. 制作第 3 张幻灯片。

（1） 标题文本：切换到第 3 张幻灯片，单击标题占位符，输入“基本信息”和“1”。用空格留空，并将“基本信息”设置为 28 磅，加粗，将“1”设置为 28 磅，颜色“橄榄色，强调文字 3，深色 25%”，如图 3-26 所示。

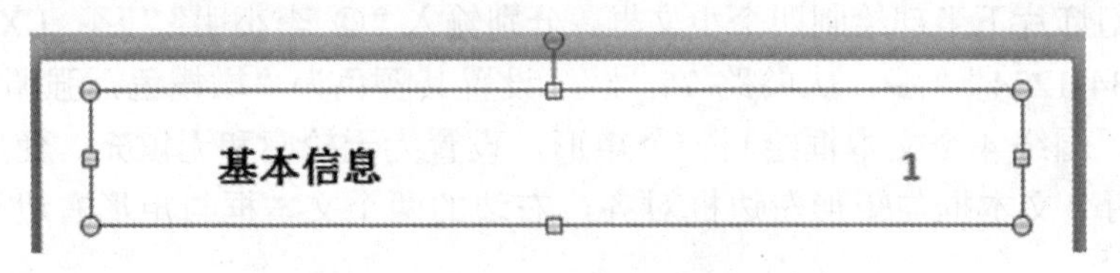

图 3-26 输入和设置标题文本

（2） 标题图形：在标题文字左侧绘制两个小矩形，分别设置填充颜色和轮廓颜色为“橄榄色，强调文字 3，深色 25%”和“橄榄色，强调文字 3，淡色 40%”（深色下浅色上）。

（3） 插入直线：在标题下方绘制一条与标题占位符等长的直线，单击“格式”选项卡的“形状样式”组中的“形状轮廓”按钮。在弹出的面板中将“粗细”设置为 4.5 磅，并将其颜色设置为“橄榄色，强调文字颜色 3，深色 25”。

（4） 照片背景：删除内容占位符，在标题下方左侧绘制一个矩形，将其填充颜色设置为“橄榄色，强调文字 3，淡色 60%”。

（5） 插入照片：单击“插入”选项卡的“插图”组中的“图片”按钮，从弹出的对话框中选择“PowerPoint 素材\个人简历素材\个人相片.jpg”文件，然后拖动相片边框调整其大小并将其拖到矩形上。

（6） 插入文本框：在照片下方绘制一个文本框，输入“成功来自于 您的选择和我的努力”，将文字大小设置为 11 磅。

（7） 插入表格：单击“插入”选项卡的“表格”组中的“表格”按钮，从弹出的面板中的示例表格中拖动绘制一个 2×6 表格。在“设计”选项卡的“表格工具”组中选择“无样式，无网格”，如图 3-27 所示。

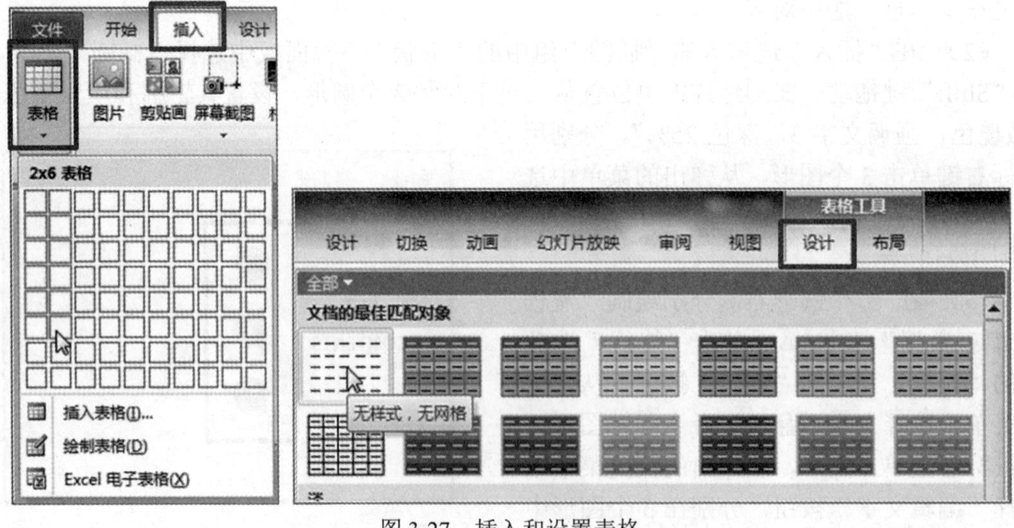

图 3-27 插入和设置表格

（8） 修改表格：用鼠标拖动表格边框更改列宽，单击“设计”选项卡的“表格工具”组中的“边框”按钮，从弹出的菜单中选择“外侧框线”命令删除表格外部框线。

（9） 更改表格边框颜色：单击“设计”选项卡的“绘图边框”组中的“笔颜色”按钮，从弹出的面板中选择“黑色，文字 1，淡色 50%”。在表格内边框上拖动描绘成新的颜色，完成后单击“绘图颜色”按钮退出表格绘制模式。

（10） 参照图 3-28 所示的样本输入表格文字，其中冒号前的文本格式为 18 磅、黑体、加粗；颜色为“橄榄色，强调文字 3，深色 25%”；冒号后的文本格式为 16 磅、黑体。

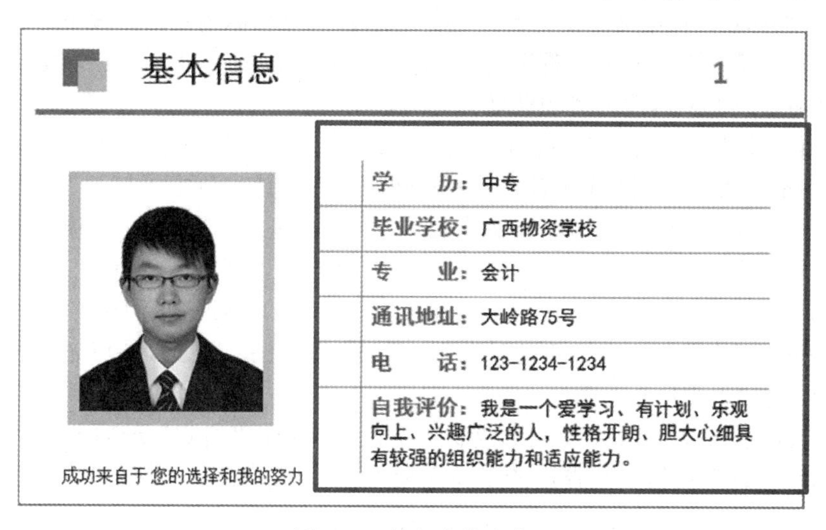

图 3-28　输入表格文字

5. 制作第 4 张幻灯片。

（1） 添加标题：在第 3 张幻灯片中选择标题占位符和标题图形，按下“Ctrl+C”组合键复制。切换到第 4 张幻灯片，删除原有的标题占位符。按下“Ctrl+V”组合键粘贴复制的内容，并将原来的文本改为“个人爱好　2”。

（2） 绘制矩形：绘制一个矩形，单击“格式”选项卡的“形状样式”组中的“形状效果”按钮，从弹出的菜单中选择“棱台”|“圆”命令，如图 3-29 所示。单击“形状样式”组中的“形状填充”按钮，从弹出的菜单中选择“无填充颜色”。

（3） 复制矩形：选择设置好的矩形，复制粘贴。得到 4 个相同格式的矩形，将它们排列整齐。

（4） 插入图片：在幻灯片中插入“PowerPoint 素材\个人简历素材”文件夹中的“看书”“排球”“跑步”“音乐”4 幅图片，将其分别放在 4 个矩形中，并调整其位置和大小。

（5） 绘制椭圆：在第 1 个矩形下方绘制一个

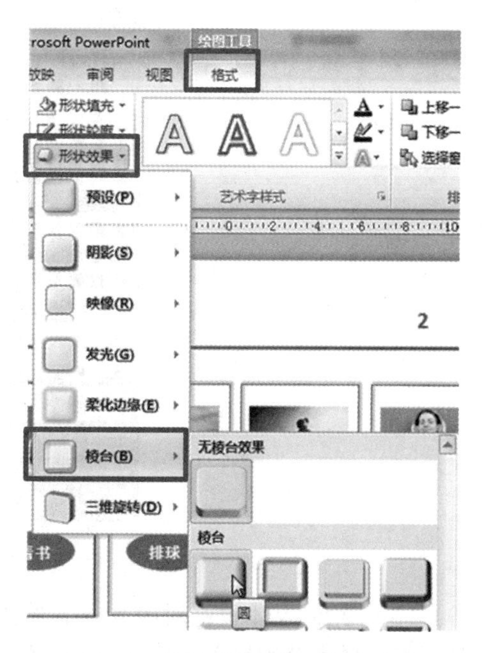

图 3-29　选择“棱台”|“圆”命令

椭圆形，设置其轮廓和填充颜色为“橄榄色，强调文字 3，深色 25%”。用鼠标右键单击图形，从弹出的快捷菜单中选择“编辑文字”命令。在图形中输入文字“看书”，设置文本格式为黑体，20 磅，加粗，白色。

（6） 复制和编辑椭圆：选择“看书”椭圆形状，复制粘贴得到 4 个相同的椭圆形，将其分别放在 4 个矩形中排列整齐。然后将第 2 个矩形中椭圆形的文字改为“排球”，第 3 个改为“跑步”，第 4 个改为“音乐”。

6. 制作第 5 张幻灯片。

（1） 添加标题：在第 4 张幻灯片中选择标题占位符和标题图形，按下“Ctrl+C”组合键复制。切换到第 5 张幻灯片，删除原有的标题占位符。按下“Ctrl+V”组合键粘贴复制的内容，并将原来的文本改为“职业能力　3”。

（2） 插入图片：单击内容占位符中的“插入来自文件的图片”图标，从打开的对话框中选择“PowerPoint 素材\个人简历素材\圆圈.jpg”图片，单击“打开”按钮插入图片。将其拖到幻灯片左侧，拖动选择框调整其大小。单击“格式”选项卡的“调整”组中的“颜色”按钮，从弹出的菜单中选择“设置透明色”。然后单击圆圈图片背景，清除背景颜色。

（3） 绘制三角形：绘制 4 个三角形，通过拖动边框和旋转将它们调整成不同的形状，放置在合适位置。并将其轮廓颜色设置为“白色，背景 1，深色 25%”，填充颜色设置为“橄榄色，强调文字 3，深色 25%”。

（4） 绘制直线：对应 4 个三角形绘制 4 条直线，单击“格式”选项卡的“形状样式”组中的“形状轮廓”按钮。从弹出的下拉面板中选择“虚线”|“方点”，如图 3-30 所示。

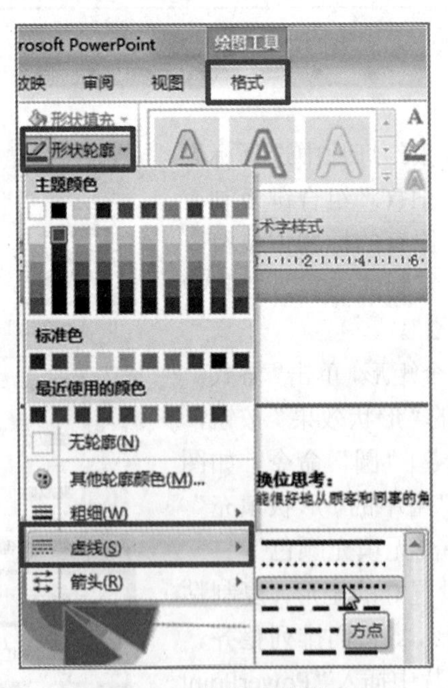

图 3-30　设置直线样式

（5） 绘制文本框：对应 4 条直线直接绘制 4 个横排文本框，按照图 3-31 所示的第 5 张幻灯片样本分别输入对应文本，并将冒号前的文本设置成黑体、18 磅，加粗；冒号后的文本设置成 16 磅。

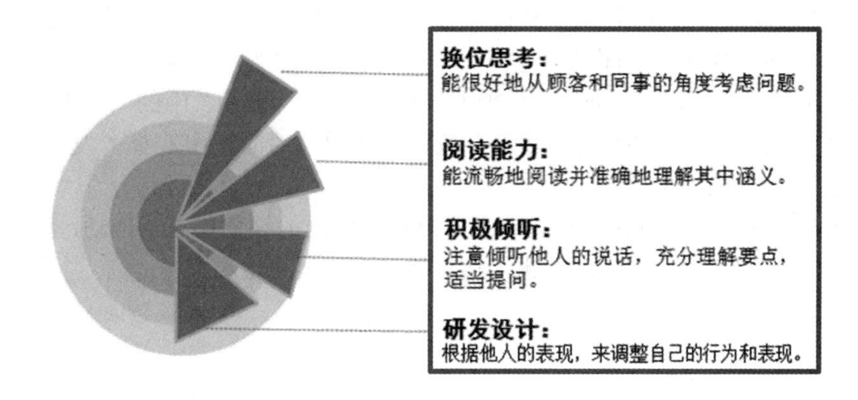

图 3-31　第 5 张幻灯片样本

7. 制作第 6 张幻灯片。

（1） 插入图片背景：切换到第 6 张幻灯片，删除原有的占位符。单击“设计”选项卡的“背景”组中的“背景样式”按钮，从弹出的菜单中选择“设置背景格式”命令，打开“设置背景格式”对话框。在“填充”选项卡中选中“图片或纹理填充”单选按钮，然后单击“文件”按钮，从弹出的对话框中选择“PowerPoint 素材\个人简历素材\背景模板.png”图片插入到幻灯片中，如图 3-32 所示。设置后单击“关闭”按钮，为当前幻灯片应用图片背景。

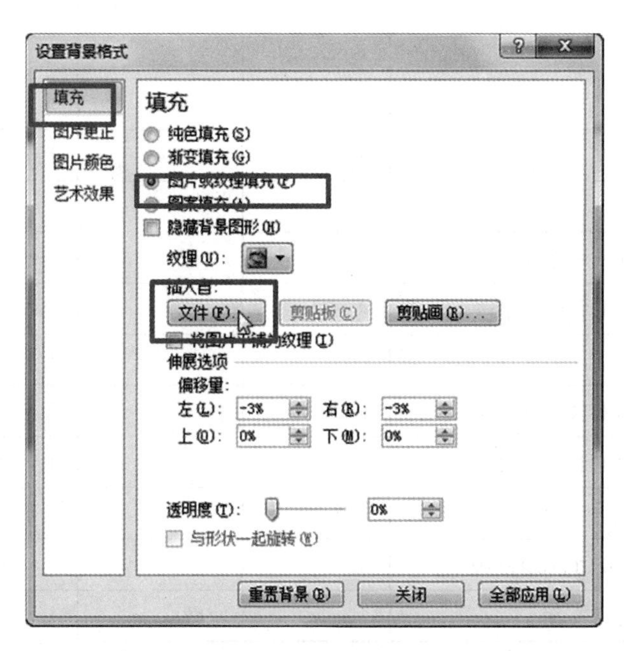

图 3-32　插入图片背景

（2） 添加艺术字：单击“插入”选项卡的“文本”组中的“艺术字”按钮，从弹出的面板中选择“填充-橄榄色，强调文字颜色 3，粉状棱台”，在艺术字占位符中输入“感谢聆听”。

（3） 设置艺术字填充颜色：选择艺术字，在“格式”选项卡中的“艺术字样式”库列表中选择“填充-白色，暖色粗糙棱台”。单击“格式”选项卡的“艺术字样式”组中的“文本填充”按钮，从弹出的面板中选择“橄榄色，强调文字 3，深色 50%”。单击“艺术字样式”组中的“文本效果”按钮，从弹出的面板中选择“转换”中的“左牛角形”效果；单击“艺术字样式”组中的“文本效果”按钮，从弹出的面板中选择“发光橄榄色，8pt 发光，强调文字颜色 3”效果。

（4） 旋转艺术字：将鼠标指针放在艺术字选择框上的绿色控点上拖动，旋转艺术字。

（5） 调整艺术字大小：拖动艺术字边框将其调整至合适大小。

任务二　添加背景音乐和动画

实践要求：

打开“个人简历.pptx”演示文稿，执行以下设置：

1. 添加背景音乐。

2. 按表格内所列内容顺序设置各张幻灯片的动画效果。

幻灯片页	内　容	动　画	效　果	开始动作
第 1 张	上矩形	飞入		与上一动画同时
	下矩形	飞入		与上一动画同时
	棱形（和文字组合）	缩放		上一动画之后
	标题	空翻		上一动画之后
	横线（左右两条线分别组合）	飞入		上一动画之后
	文本框（4 个框组合）	劈裂		上一动画之后
第 2 张	目录	缩放		上一动画之后
	圆圈（数和圆组合）	缩放		上一动画之后
	长条（字与长条组合）	飞入	自右侧	上一动画之后
第 3 张	标题横线	劈裂		上一动画之后
	横向线上方小标题方块	缩放		上一动画之后
	横线上标题文字		空翻	上一动画之后

（续表）

幻灯片页	内　　容	动　　画	效　　果	开始动作
	相片框	飞入	自左下	上一动画之后
	相片	飞入	自左上	与上一动画同时
	相片下文字	挥鞭式		上一动画之后
	表格	劈裂		上一动画之后
第 4 张	长方形框	飞入	自底部	上一动画之后
	相片	飞入	自顶部	上一动画之后
	椭圆（图和字组合）	飞入	自底部	上一动画之后
	依此顺序设置其他框			
第 5 张	圆	缩放		上一动画之后
	三角 1	飞入	自右上	上一动画之后
	三角 2	飞入	自右侧	与上一动画同时
	三角 3	飞入	自右侧	与上一动画同时
	三角 4	飞入	自右下	与上一动画同时
	虚线（同时选多条）	擦除	自左侧	第 1 条直线上一动画之后，其余直线与上一动画同时
	文字框（同时选多个）	飞入	自右侧	上一动画之后
第 6 张	文字	空翻		上一动画之后

实践方法提示：

1. 添加背景音乐。

（1） 单击“插入”选项卡的“媒体”组中的“音频”按钮，从弹出的菜单中选择“文件中的音频”命令。在打开的对话框中选择“PowerPoint 素材\个人简历素材\背景音乐 钢琴曲，mp3”文件，如图 3-33 所示。

图 3-33　选择背景音乐文件

（2） 拖动插入到幻灯片中的音频图标到合适位置。单击工具栏中的“播放/暂停”按钮可以预览播放效果。

2. 设置动画效果。

（1） 在第 1 张幻灯片中选择上矩形，单击“动画”选项卡的“高级动画”组中的“添加动画”按钮，从弹出的菜单中选择“飞入”效果。然后在“开始”下拉列表框中选择“与上一动画同时”命令，如图 3-34 所示。

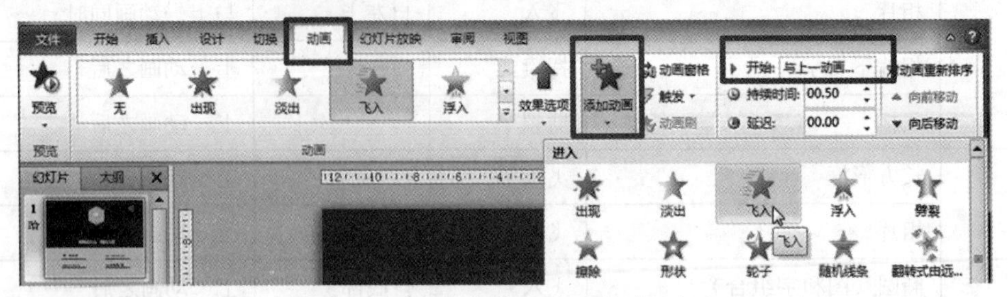

图 3-34　选择“与上一动画同时”命令

（2） 参照上一步操作，按照表格中所列要求设置其他对象的动画效果。如需设置方向效果，如第 2 张幻灯片中的长条对象，则在设置其动画效果后单击“动画”选项卡中的“效果选项”按钮。从弹出的面板中选择“自右侧”命令，即可使其从幻灯片右侧飞入，如图 3-35 所示。

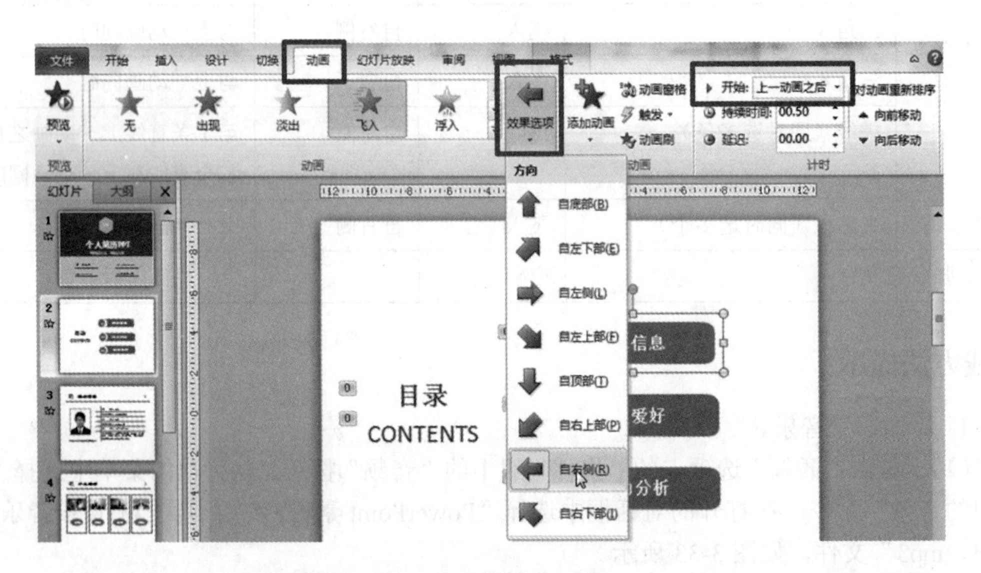

图 3-35　设置方向效果

（3） 全部动画效果设置完成后，单击状态栏中的“幻灯片放映”按钮观察放映效果，如图 3-36 所示。

图 3-36　“幻灯片放映”按钮

综合实践二　美丽南宁

扫一扫微课视频
1 制作 PP

扫一扫微课视频
2 动画效果

扫一扫微课视频
3 设置超链接

实践要求：

首先观看教师播放《美丽南宁》PPT 样稿，注意观察动画效果，再根据教师所给素材，参照下列样文制作一个“美丽南宁”宣传演示稿。要求设置背景、文本框、形状、艺术字、背景音乐、动画、切换效果等。

样稿如图 3-37 所示。

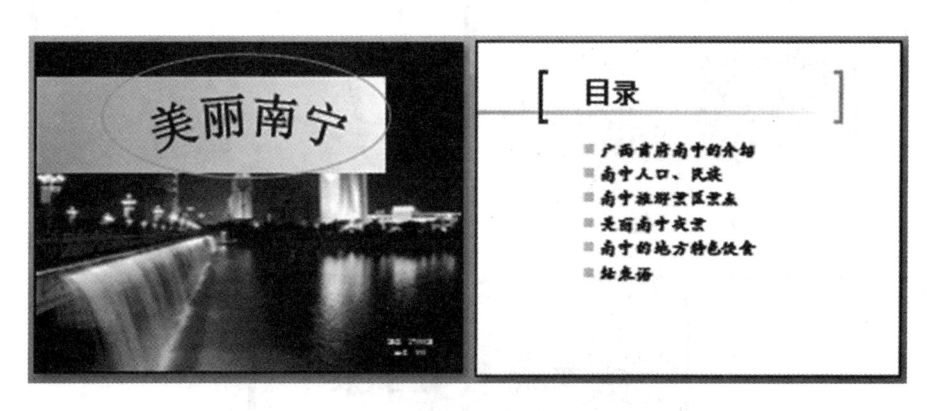

图 3-37　“美丽南宁”样文

实践方法提示：

参照综合实验一。

计算机考试综合练习题——PowerPoint 模块

一、填空题

（1）　默认状态下，新演示文稿的第 1 张幻灯片是______________版式，通过单击“新建幻灯片”按钮插入的幻灯片是______________版式。

（2）　在文本占位符中键入文本时，要在段落中换行，应按下_____________键。

（3）　默认情况下，标题和副标题占位符中的文本____________对齐，内容占位符中的文本__________对齐。

（4）　在 PowerPoint 2010 中控制幻灯片外观的方法有________________。

（5）　母版是指包含一定预设格式的模板，演示文稿中包括____________________3 种母版。

（6）　在打印讲义时，一张纸上最多可以打印_________张幻灯片。

（7）　默认情况下，内容占位符中的文本带有项目符号。若想取消当前行的项目符号，可按下__________键。

（8）　演示文稿中包括标题在内一共可以使用___________级大纲文字。

（9）　在插入_________对象时，当选择相应命令后整个窗口会暂时变得模糊。拖动鼠标选择_____________，_____________将清晰显示。

（10）　在设置幻灯片中元素的动画效果时，如果需要让该幻灯片中的各元素依次自动播放，应将其开始时间设置为______________。

二、单项选择题

（1）　PowerPoint 2010 演示文稿的默认扩展名是（　　）。

A. ptt　　B. pttx　　C. ppt　　D. pptx

（2）　创建空白演示文稿的快捷键是（　　）。

A. Ctrl+P　　B. Ctrl+S　　C. Ctrl+X　　D. Ctrl+N

（3）要在演示文稿的所有幻灯片中使用统一的自定义背景，最便捷的操作是（　　）。

A. 在每张幻灯片中添加同样的背景　　B. 应用设计主题

C. 更改幻灯片母版　　D. 使用“设计”｜“背景”命令

（4）　在演示文稿中按下“End”键可以（　　）。

A. 将鼠标指针移动到一行文本最后

B. 将鼠标指针移动到最后一张幻灯片中

C. 切换至下一张幻灯片

D. 切换到最后一张幻灯片

（5）　在（　　）视图中可以看到整个演示文稿的内容，并轻松地组织和编辑幻灯片。

A. 普通视图　　B. 大纲视图

C. 幻灯片浏览视图　　D. 幻灯片放映视图

（6） 如果想要在当前演示文稿中使用其他现有演示文稿中的已有幻灯片，可以通过（　　）功能来实现。

A. 仿照制作　　B. 复制粘贴
C. 重用幻灯片　　D. 导入

（7） 动作按钮是一种（　　）。

A. 形状　　B. 图片
C. 动画按钮　　D. SmartArt 图形

（8） 通过（　　）可以快速而轻松地设置整个演示文稿的格式。

A. 应用主题　　B. 设置幻灯片母版
C. 设置幻灯片版式　　D. 设置背景颜色

（9） （　　）不是幻灯片母版的格式。

A. 大纲母版　　B. 幻灯片母版
C. 标题母版　　D. 备注母版

（10） 如果想要捕获可能更改或过期的信息快照，如重大新闻报道或旅行网站上提供的讲求时效的可用航班和费率的列表等，可以通过在幻灯片中插入（　　）来实现。

A. 实时图片　　B. 屏幕截图
C. 源网页　　D. 视频文件

（11） 要在切换幻灯片时发出声音，应（　　）。

A. 在幻灯片中插入声音　　B. 设置幻灯片切换声音
C. 设置幻灯片切换效果　　D. 设置声音动作

（12） 向与会者分发讲义可以达到更好的演示效果，而制作讲义的方法是（　　）。

A. 将每张幻灯片分别打印在纸上
B. 使用讲义母版将多张幻灯片进行排版，然后打印在一张纸上
C. 利用幻灯片浏览视图将多张幻灯片打印在一张纸上
D. 将每张幻灯片连同备注页一同打印在纸上

（13） 在 PowerPoint 2010（　　）视图环境下，不可以对幻灯片内容进行编辑。

A. 幻灯片　　B. 幻灯片浏览
C. 幻灯片放映　　D. 黑白

（14） 如果要用溶解动画从一张幻灯片过渡到下一张幻灯片，应执行（　　）操作。

A. 动作设置　　B. 预设动画
C. 幻灯片切换　　D. 自定义动画

（15） 将演示文稿进行打包后，可以把该演示文稿（　　）。

A. 装起来带走
B. 发布到网上
C. 在没有安装 PowerPoint 的电脑中放映
D. 刻成 CD

三、多项选择题

（1） 一份完整的电子演示文稿包括（　　）。

A. 幻灯片 B. 备注
C. 讲义 D. 大纲

（2） PowerPoint 2010 中可以包含（ ）元素。
A. 文字 B. 图形图像
C. 音频视频 D. 屏幕剪辑

（3） 幻灯片中占位符的作用是（ ）。
A. 表示文本长度 B. 表示图形大小
C. 为文本预留位置 D. 为图形预留位置

（4） 以下视图中，可以用来建立、编辑、浏览、放映幻灯片的有（ ）。
A. 幻灯片视图 B. 大纲视图
C. 幻灯片浏览 D. 备注页视图
E. 幻灯片放映

（5） PowerPoint 中的母版包括（ ）。
A. 幻灯片母版 B. 标题幻灯片母版
C. 讲义母版 D. 备注母版

（6） 在默认情况下，幻灯片母版中有 5 个占位符来确定幻灯片母版的版式，这主要包括（ ）。
A. 页脚区 B. 日期区
C. 对象区 D. 标题区
E. 状态区 F. 数字区

（7） 在幻灯片中添加文本的方法有（ ）。
A. 直接在幻灯片中键入文字 B. 在文本占位符中输入文字
C. 在“大纲”选项卡中输入文字 D. 在幻灯片中插入文本框

（8） 在放映时如果想切换到下一张幻灯片，其操作为（ ）。
A. 单击 B. 按下“Enter”键
C. 按下“P”键 D. 按下“N”键
E. 按方向键→

（9） 在 PowerPoint 2010 中控制幻灯片外观的方法有（ ）。
A. 应用主题 B. 使用样式
C. 修改母版 D. 设置幻灯片版式

（10） 在 PowerPoint 中可插入（ ）。
A. Word 文档 B. Excel 图表
C. 声音 D. Excel 工作表
E. 其他 PowerPoint 演示文稿

（11） 从头播放演示文稿的方法有（ ）。
A. 单击“幻灯片放映”选项卡中的“从头开始”按钮
B. 单击“幻灯片放映”选项卡中的“从当前幻灯片开始”按钮
C. 单击状态栏中的“幻灯片放映”按钮
D. 按下“F5”键

（12） 演示文稿的备份文件可以保存为（　　）格式。

A. PowerPoint 放映　　B. PPT

C. pptx　　D. 网页

E. 图像

四、判断题

（1） 在幻灯片窗格中按下“Home”键可以切换到上一张幻灯片，按下“End”键可以切换到下一张幻灯片。（　　）

（2） 在幻灯片浏览视图中也可以编辑幻灯片。（　　）

（3） 在 PowerPoint 中只能插入 Word、Excel 等 Office 组件创建的对象，不能插入其他程序创建的对象。（　　）

（4） 在幻灯片中插入声音成功，则在幻灯片中显示一个喇叭图标。（　　）

（5） 在备注窗格中也可以添加文字或其他对象。（　　）

（6） 在演示文稿设计中，一旦选中某个主题，则所有幻灯片均采用此设计。（　　）

（7） 绘制形状时，选择图形样式以后单击幻灯片视图中的任意位置，即可插入图形。（　　）

（8） “大纲”选项卡仅显示当前演示文稿的大纲结构，不可以执行任何编辑操作。（　　）

（9） 在幻灯片窗格中单击缩略图可以切换到相应幻灯片。（　　）

（10） 在 PowerPoint 2010 中可以直接插入 Word 文档中的文本，并且每个段落都成为单个幻灯片的标题。（　　）

（11） 在幻灯片中按下“Tab”键可取消项目符号。（　　）

（12） 单击“文本框”按钮后，在幻灯片中拖动鼠标指针可以插入一个单行横排文本框。（　　）

（13） 在 PowerPoint 2010 中可以直接将已有文本转换成艺术字。（　　）

（14） 在 PowerPoint 2010 中可以设置占位符的形状样式。（　　）

（15） 幻灯片背景中的图片或图形是不可隐藏的，因此在母版中插入图形时需谨慎。（　　）

参考答案

模块 1

1. 填空题

（1） 保存、撤销、重复
（2） 功能区
（3） 选中
（4） 回车
（5） 撤销
（6） Ctrl
（7） “文件”｜“另存为”命令
（8） “开始”工具栏中的样式列表
（9） 下沉　　悬挂
（10） 号　　磅　　号　　磅
（11） Ctrl+A
（12） 内容的并列　　内容的顺序
（13） 形状
（14） 页面内容后面插入虚影文字
（15）列　　行

2. 单项选择题

（1） D　　（2） C　　（3） C
（4） C　　（5） D　　（6） D
（7） B　　（8） B　　（9） A
（10） B　　（11） B　　（12） A
（13） A　　（14） C　　（15） C

3. 多项选择题

（1） ACDE　　（2） ABCD　　（3） AD
（4） AEF　　（5） BC　　（8） ABC
（7） BCD　　（8） ABCEF　　（9） ABC
（10） ACD　　（11） ABCD　　（12） ACD

4. 判断题

（1） 正确　（2） 错误　（3） 正确
（4） 正确　（5） 正确　（6） 正确
（7） 正确　（8） 错误　（9） 正确
（10） 正确　（11） 错误　（12） 正确
（13） 错误　（14） 错误　（15） 正确

模块 2

1. 填空题

（1） .xlsx
（2） 存储和处理数据　电子表格
（3） 数字　字母
（4） Tab　Enter
（5） 2
（6） F4
（7） ＝A2+$C7　＝E3+$C8
（8） E，F，G
（9） Ctrl+Shift+:（冒号）
（10） 活动单元格
（11） 靠左
（12） 左　上
（13） =　表达式
（14） 排序　有列标记
（15） 同一数据列

2. 单项选择题

（1） C　（2） A　（3） A
（4） C　（5） B　（6） B
（7） D　（8） D　（9） C
（10） C　（11） B　（12） D
（13） A　（14） D　（15） C

3. 多项选择题

（1） ABC　（2） ABCD　（3） ABCD
（4） ABCD　（5） ABCD　（6） ABC
（7） ABC　（8） ACD　（9） ABCD
（10） BCD　（11） ABCD　（12） ABC

(13) ABCD　　(14) AC　　(15) ABCDEF

4. 判断题

(2) 正确　　(2) 错误　　(3) 正确
(4) 正确　　(5) 正确　　(6) 正确
(7) 正确　　(8) 错误　　(9) 错误
(10) 正确　　(11) 正确　　(12) 错误
(13) 错误　　(14) 正确　　(15) 正确

模块 3

1. 填空题

(1) 幻灯片　　幻灯片
(2) 幻灯片窗格、备注窗格和大纲/幻灯片窗格
(3) 标题幻灯片　　标题和内容
(4) Shift+Enter
(5) 随之更改为适应新版式的格式
(6) 应用主题、修改母版、更改幻灯片版式、设置幻灯片背景
(7) 幻灯片母版、备注页母版、讲义母版
(8) 9
(9) 主题颜色　　主题字体　　标题字体和正文字体　　主题效果　　线条和填充效果
(10) 占位符
(11) 没有最小化到任务栏的
(12) 上一动画之后

2. 单项选择题

(1) D　　(2) D　　(3) C
(4) D　　(5) C　　(6) C
(7) A　　(8) A　　(9) A
(10) B　　(11) B　　(12) B
(13) D　　(14) C　　(15) C

3. 多项选择题

(1) ABCD　　(2) ABCD　　(3) CD
(4) ABCE　　(5) ABCD　　(6) ABCDF
(7) BCD　　(8) ABCDEFG　　(9) ACD
(10) ABCDE　　(11) AD　　(12) ABCDE

4. 判断题

（1） 错误	（2） 正确	（3） 错误
（4） 正确	（5） 错误	（6） 错误
（7） 错误	（8） 错误	（9） 正确
（10） 正确	（11） 错误	（12） 错误
（13） 正确	（14） 正确	（15） 错误